民航客舱设备

Civil Aviation Cabin Equipment

主　编　王世江　张　淇　张　正

副主编　王　香　邹　鹏　周济众

参　编　王春翔　李　慧　罗　曼

　　　　黄子恩　杨彦同　李　聪　郑永涛

北京理工大学出版社
BEIJING INSTITUTE OF TECHNOLOGY PRESS

内 容 提 要

　　本书编写时依据航空服务专业岗位要求，遵循职业教育"理实一体"的教学特点和学生的认知规律。本书主要介绍了单通道波音737-800型飞机、空客A320型飞机，围绕各机型的客舱服务设备和客舱应急设备展开，图文并茂，实现了"理实一体"，旨在帮助航空服务专业的学生掌握相关设备及其操作技能。

　　本书共分为九个模块，分别介绍了波音737-800和空客A320两种不同机型的结构、客舱布局和各类设备的使用方法，全面讲解了通用机载应急设备的航前检查、操作方法和使用过程中的注意事项，最后配合实训操作考核和航后整理，帮助学生巩固机型设备的知识与行业素养。

　　本书可作为高等院校空中乘务、航空服务、民航运输等相关专业的教材，也可作为民航从业人员工作时的参考用书。

图书在版编目（CIP）数据

民航客舱设备 / 王世江，张淇，张正主编.--北京：
北京理工大学出版社，2023.5
ISBN 978-7-5763-2372-6

Ⅰ.①民… Ⅱ.①王… ②张… ③张… Ⅲ.①民用航
空－客舱－设备 Ⅳ.①V223

中国国家版本馆CIP数据核字（2023）第085375号

出版发行 / 北京理工大学出版社有限责任公司
社　　址 / 北京市海淀区中关村南大街5号
邮　　编 / 100081
电　　话 / （010）68914775（总编室）
　　　　　（010）82562903（教材售后服务热线）
　　　　　（010）68944723（其他图书服务热线）
网　　址 / http://www.bitpress.com.cn
经　　销 / 全国各地新华书店
印　　刷 / 河北鑫彩博图印刷有限公司
开　　本 / 787毫米×1092毫米　1/16
印　　张 / 13　　　　　　　　　　　　　　　责任编辑 / 李　薇
字　　数 / 322千字　　　　　　　　　　　　文案编辑 / 李　薇
版　　次 / 2023年5月第1版　2023年5月第1次印刷　责任校对 / 周瑞红
定　　价 / 89.00元　　　　　　　　　　　　责任印制 / 王美丽

前言

目前，高校教学中针对机型设备的教材较少，且教材内容陈旧，没有涉及国产大飞机 C919 的相关知识，同时不能满足"1+X"空中乘务职业技能等级考核的要求。部分教材将机型设备的相关知识穿插在客舱服务中，重难点不清，不利于学生准确掌握设备的认知和使用。

党的二十大报告明确提出了加快建设交通强国的战略发展目标。民航业是综合交通运输体系的有机组成部分，我国民航业正处于由"大"向"强"跨越的新历史起点，其中关键人才队伍影响着民航业整体实力的全面增强。因此，为了提高民航服务专业院校的教学质量，进一步完善相关教材，天羽航空学院空乘教研室根据航空服务专业岗位的特殊需求，组织编写了航空服务专业系列教材之一的《民航客舱设备》。本书在内容编写上重新理顺各模块的逻辑结构，便于学生构建系统性的知识体系，具有很强的专业性和实操性，对航空乘务专业的学生入职各家航空公司有直接的指导意义和帮助。

本书主要介绍了波音 737-800 型飞机、空客 320 型飞机的客舱服务设备和客舱应急设备，同时添加了国产大飞机 C919 相关知识。在内容设计上采用任务引领、项目驱动的方式，帮助航空服务专业和民航运输专业的学生，以及民航运输相关岗位的员工准确翔实地掌握相关知识、技能。

本书依据从基本技能到核心技能再到综合技能的能力培养过程编写，课程的模块与模块之间由浅入深、循序渐进；各模块从简单到复杂依次完成；模块的选取考虑课程内容的全面性、专业岗位工作对象的典型性和教学过程的可操作性。本书共分为九个模块，分别为客机的整体结构、客舱服务设备、厨房设备、卫生间设备、乘务员控制面板、机上娱乐设施、舱门、翼上应急出口、应急设备。本书在注重讲解理论基础知识的同时，还配备了大量飞机上的真实照片和小视频，图文、影音等新媒体方式使学生的学习更加直观有效。本书注重理论联系实际，便于学生学以致用，每个单元后都设置了知识拓展，拓展学生的视野，使学生了解更多航空专业的相关知识。同时，在每个模块的结尾设计了相应的练习题，便于学生课后思考、总结重点和巩固知识点。

本书由王世江、张淇、张正担任主编，由王香、邹鹏、周济众担任副主编，具体编写分工为：模块一由周济众编写，模块二至模块四由王世江编写，模块五和模块六由张淇编写，模块七和模块八由王香编写，模块九由张正编写。邹鹏、王春翔、李慧、罗曼、黄子恩、杨彦同、李聪、郑永涛参与了本书配套资源的录制。海南天羽飞行训练有限公司现役教员根据自身优势，参与了本书的指导工作。另外，向为本书带来珍贵资料和宝贵建议的同行以及为本书的编写提供大力支持的海南天羽飞行训练有限公司何莉、武砚杰等老师表示衷心的感谢！

由于时间和设备等限制，书中疏漏之处在所难免，我们由衷地希望，大家能多提宝贵意见。我们也会发挥与航空公司的合作优势，不断提升教材资源支撑，不断完善教材内容。

编　者

PREFACE

目录

**模块一
客机的整体结构**

001

单元一　飞机基本结构的认知·············2

　　一、机身（Fuselage）·············2

　　二、机翼（Wing）·············3

　　三、尾翼（Empennage）·············4

　　四、起落架（Landing Gear）·············5

　　五、动力装置（Power plant）·············5

　　六、空调系统和增压系统·············7

单元二　波音737基本数据与客舱布局认知·········12

　　一、基本数据·············12

　　二、客舱布局·············13

单元三　空中客车A320基本数据与客舱布局

　　　　认知·············17

　　一、基本数据·············18

　　二、客舱布局·············19

**模块二
客舱服务设备**

025

单元一　座椅的认知与使用·············26

　　一、旅客座椅·············26

　　二、乘务员座椅·············33

单元二　旅客服务组件（PSU）的认知与使用·····39

　　一、阅读灯·············39

　　二、呼叫按钮·············39

　　三、通风孔·············40

　　四、氧气面罩储藏箱·············40

　　五、旅客信息组件（PIU）·············40

单元三　客舱通用设备的认知与使用·········43

　　一、观察窗与遮光板·············43

　　二、隔板与门帘·············44

　　三、行李架·············45

　　四、衣帽间·············45

　　五、婴儿摇篮·············46

**模块三
厨房设备**

051

单元一　座椅的认知与使用 ·············52
一、波音737-800飞机厨房 ·········52
二、空客A320飞机厨房 ···········52
单元二　厨房电器设备的认知与使用 ·······55
一、厨房电源控制面板 ············55
二、烤箱 ····················57
三、烧水器 ··················58
四、烧水杯 ··················59
五、煮咖啡器 ·················60
六、保温箱 ··················60
七、冷藏箱 ··················60
单元三　厨房常用设备的认知与使用 ·······64
一、餐车 ····················64
二、储物箱 ··················65
三、水龙头 ··················65
四、污水槽 ··················66
五、厨房水开关阀门 ············66

**模块四
卫生间设备**

072

单元一　卫生间的布局认知 ···········73
单元二　卫生间常用设备的认知与使用 ·····76
一、卫生间门 ·················76
二、马桶 ····················77
三、洗漱盆 ··················78
四、热水器 ··················79
五、供水关断阀门 ··············80
六、垃圾箱 ··················80
七、婴儿护理板 ···············81
单元三　卫生间安全设备的认知与使用 ·····84
一、卫生间旅客服务组件 ··········84
二、卫生间烟雾探测器 ···········85
三、自动灭火装置 ··············85

模块五
乘务员控制面板

090

单元一　波音 737-800 乘务员控制面板的认知与
　　　　使用 ··91
一、波音 737-800 前舱乘务员控制面板
（FAP）··91
二、波音 737-800 后舱乘务员控制面板
（AAP）···92
三、波音 737-800 乘务员显示面板 ············93
单元二　空客 A320 乘务员控制面板的认知与
　　　　使用 ··96
一、空客 A320 前舱乘务员控制面板（FAP）···97
二、空客 A320 后舱乘务员控制面板
（AAP）··102
三、空客 A320 乘务员显示面板 ···············104

模块六
机上娱乐设施

109

单元一　内话系统与客舱广播的认知与使用········110
一、手持内话机的结构 ·························110
二、内话系统的使用 ···························110
三、通信系统 ···································111
单元二　视频、音频系统的认知与使用·············115
一、视频系统 ···································115
二、音频播放器 ·································115

模块七
舱门

120

单元一　波音 737-800 舱门的认知与使用 ·········121
一、舱门结构 ···································121
二、舱门操作方法 ·······························125
三、滑梯的预位与解除预位 ·····················126
单元二　空中客车 A320 舱门的认知与使用········132
一、舱门结构 ···································132
二、舱门操作方法 ·······························136
三、滑梯的预位与解除预位 ·····················138

**模块八
翼上应急出口**

144

单元一 波音 737 翼上应急出口的认知与使用····145
　一、应急出口结构·················145
　二、应急出口操作方法············145
单元二 空中客车 A320 翼上应急出口的认知与
　　　　使用···························150
　一、应急出口结构·················150
　二、应急出口操作方法············150

**模块九
应急设备**

157

单元一 灭火设备的认知与使用········158
　一、火灾的种类···················158
　二、手提式水灭火瓶···············158
　三、手提式海伦灭火瓶·············159
　四、卫生间灭火装置···············160
　五、防护式呼吸装置···············161
　六、救生斧·······················162
单元二 急救设备的认知与使用········166
　一、供氧系统·····················166
　二、急救设备·····················170
单元三 求生设备的认知与使用········176
　一、救命包·······················176
　二、应急发报机···················188
　三、救生衣·······················191
　四、应急照明·····················192

参 考 文 献 ································199

模块一

客机的整体结构

1. 掌握飞机的基本结构；

2. 掌握波音 737-800 和空客 A320 飞机的外观及基本数据；

3. 了解波音 737-800 和空客 A320 飞机客舱座位、舱门及应急出口、厨房、卫生间的数量及位置。

1. 具有能够按照民航服务岗位资格标准进行客舱引导的能力；

2. 具有能够按照民航服务岗位资格标准操作客用设备设施和服务设备设施的能力。

1. 具有能够使用现代信息技术进行自我提升的信息素养；

2. 热爱民航事业，践行"忠诚担当的政治品格、严谨科学的专业精神、团结协作的工作作风、敬业奉献的职业操守"的当代民航精神。

△△△
读书笔记

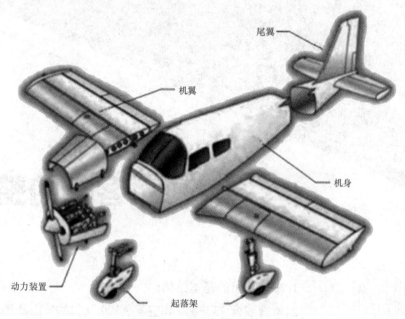

单元一　飞机基本结构的认知

新知导入

大多数飞机由五个主要部分组成，即机身、机翼、尾翼、起落架和动力装置，它们各有其独特的功用，如图 1-1 所示。

尾翼

机翼

机身

动力装置

起落架

图 1-1　飞机基本结构

一、机身（Fuselage）

机身（Fuselage）——用来装载人员物资和各种设备。

现代民航客机的机身为筒状，机头部分主要是驾驶舱，驾驶舱用来控制飞机，如图 1-2 所示；中部（分为上下两部分）为客舱和货舱，客舱内设有固定的旅客座位，货舱内用来放置旅客交运的行李，如图 1-3 所示。

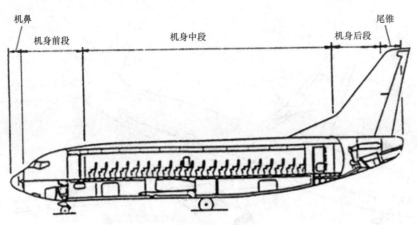

图 1-2　飞机机身基本结构

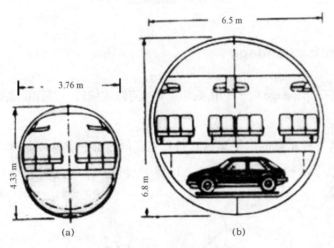

图 1-3　机身剖面结构

（a）波音 707/727/737；（b）波音 747

读书笔记

二、机翼（Wing）

机翼（Wing）——其最主要的作用是产生升力，与尾翼一起形成良好的稳定性与操纵性。

机翼是飞机升力的基本来源 。机翼分为翼根、前缘、后缘、翼尖四个部分，如图 1-4 所示。民航客机一般有 3 个油箱，2 个主油箱分布在左、右两机翼上，1 个中央油箱在两机翼的根部与机身相连处。国产大飞机 C919 的机翼设计采用超临界的机翼设计方式，既能够适应高速巡航飞行，又能够保持较高的气动效率。

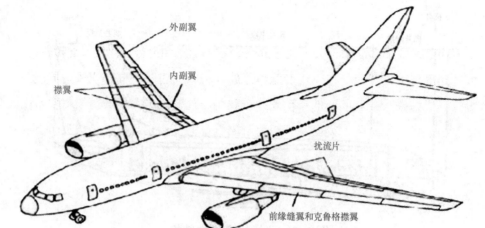

图 1-4　机翼的结构

三、尾翼（Empennage）

尾翼（Empennage）——用来操纵飞机俯仰或偏转，并保证飞机能平稳地飞行。

尾翼是飞机尾部的水平尾翼和垂直尾翼的统称。其作用是维持飞机飞行的方向和水平的稳定性与操纵性。尾翼一般包括水平尾翼和垂直尾翼，如图 1-5 所示。

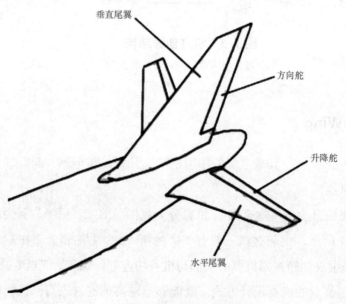

图 1-5　尾翼的结构

四、起落架（Landing Gear）

起落架（Landing gear）——用于起飞、着陆滑跑和滑行，停放时支撑飞机。

起落架主要功能是在飞机滑跑、停放和滑行的过程中支撑飞机，同时，吸收飞机在滑行与着陆时的振动和冲击载荷。现代民航客机起落架主要由两部分组成：一是机头下方安装有向前收进机身的前起落架；二是机翼下方安装有两个向内侧收进机身的主起落架，如图1-6所示。

图1-6 飞机的起落架

五、动力装置（Power Plant）

动力装置（Power Plant）——用来产生推力或拉力，使飞机前进。

（一）发动机

发动机除为飞机的飞行提供动力外，还能为飞机上的用电设备提供电源，为空调等用气设备提供气源，是整架飞机的"心脏"。发动机位于机翼下方，在各飞行阶段其中一台发动机失效，飞机仍具有足够的安全裕度。民航客机发动机如图1-7所示。

视频：A320发
动机

图 1-7　民航客机发动机

（二）辅助动力装置

辅助动力装置（Auxiliary Power Units，APU）安装于飞机尾部，在空中和地面均可使用。APU 的作用是向飞机独立地提供电力和压缩空气。在地面时，APU 提供电力和压缩空气，保证客舱和驾驶舱内的照明与空调的运行，确保旅客的舒适；在空中，APU 可作为发动机电源和备用引气。在现代化的大、中型客机上，APU 是保证发动机空中停车后再起动的主要装备，它直接影响飞行安全；降落后，仍由 APU 供应电力照明和空调，使主发动机提早关闭，从而一定程度地节省燃油，降低噪声。民航客机 APU 位置如图 1-8 所示。

图 1-8　民航客机 APU 位置

（三）电源

电源系统为飞机提供 115 V 交流电源和 28 V 直流电源。飞机的交流电源有发动机的发电机、辅助动力装置和地面连接的外部电源车三个来源。在地面，电源可由辅助动力装置或外部电源车提供。

六、空调系统和增压系统

空调系统是通过处理来自发动机、辅助动力装置的引气或来自地面气源的空气而提供温度控制的系统。客舱温度由驾驶员选择，系统自动控制在 18 ℃～29 ℃。驾驶舱机组也可根据旅客与机组的需要进行客舱温度的人工调节。驾驶舱和客舱的温度为独立控制。

飞机的机舱增压系统由空调系统供给和分布的引气进行增压。增压与通风通过改变排气活门排出空气的开度进行自动控制。飞机上升或下降时，机外的压力与座舱压力之间保持一定的增压比。巡航时，增压系统通常保持在设计的最大压差。

📝 知识检测

飞机结构认知		
一、职业化形象检查（20 分）		
模块	检查内容	得分
证件（5 分）	课程所需材料齐全	_____ 分
着装（5 分）	符合着装标准	_____ 分
发型及妆容（5 分）	发型及妆容符合要求	_____ 分
手部及指甲（5 分）	手部及指甲干净无异物	_____ 分
小计		_____ 分
二、专业知识（40 分）		
模块	考核内容及评分标准（每空 2 分）	

飞机结构（40分）	1. 飞机由五个主要部分组成，即 ＿＿＿、＿＿＿、＿＿＿、＿＿＿ 和 ＿＿＿。 2. APU 的作用是向飞机独立地提供 ＿＿＿ 和 ＿＿＿。 3. 客舱温度由 ＿＿＿ 选择，系统自动控制在 ＿＿＿。 4. 电源系统为飞机提供 ＿＿＿V 交流电源和 ＿＿＿V 直流电源。 5. 飞机的交流电源有发动机的 ＿＿＿、＿＿＿ 和 ＿＿＿ 三个来源。 6. 起落架主要功能是在飞机 ＿＿＿、＿＿＿ 和 ＿＿＿ 的过程中支撑飞机。 7. 尾翼一般包括 ＿＿＿ 尾翼和 ＿＿＿ 尾翼。 8. 机身用来装载 ＿＿＿ 和各种设备。
小计	＿＿＿分

三、专业化态度（30分）

模块	评分标准			
	优秀（5分）	良好（3分）	及格（2分）	需要提升（1分）
微笑服务（5分）				
热情有礼，敬语使用自如（5分）				
服务动作规范（5分）				
承认错误，主动道歉（5分）				
协作服务（5分）				
工作作风（5分）				
小计	＿＿＿分			

续表

四、课后整理（10分）				
整理标准	（1）学习及实习场地卫生整洁，无废弃物，设备及桌椅整齐归位。 （2）客舱地毯干净、无污物。 （3）安全带整洁并交叉摆放。 （4）卫生清扫后，收起座椅靠背，椅袋内清洁袋须更换，整理好民航杂志和安全须知。 （5）洗手间内壁板、镜子、水池、马桶内外、地面必须干净、光亮、无异味、无积水。 （6）厨房台面、水池保持干净。 （7）垃圾箱（车）清洁并更换垃圾袋。 （8）毛毯、枕头、头片整洁。			
评分标准（10分）	优秀（10分）	良好（8分）	及格（6分）	需要提升（4分）
小计	_____分			
五、教员总评				

总分：

教师签字：

时　　间：

知识拓展

C919 开启中国民航新时代

中国共产党第二十次全国代表大会 10 月 16 日上午在人民大会堂开幕。习近平代表第十九届中央委员会向党的二十大作报告。习近平指出，一些关键核心技术实现突破，战略性新兴产业发展壮大，载人航天、探月探火、深海深地探测、超级计算机、卫星导航、量子信息、核电技术、大飞机制造、生物医药等取得重大成果，进入创新型国家行列。C 是 China 的首字母，也是中国商用飞机有限责任公司英文缩写 COMAC 的首字母，第一个"9"的寓意是天长地久，"19"代表的是中国首型大型客机最大载客量为 190 座。2022 年 9 月，国产大飞机 C919 大型客机（图 1-9）完成全部适航审定工作后，获中国民用航空局颁发的型号合格证，于 2022 年底交付首架飞机。C919 大型客机研制成功并获得型号合格证，标志着我国具备自主研制世界一流大型客机的能力，是我国大飞机事业发展的重要里程碑。

图 1-9　C919 客机

视频：大飞机
C919 介绍

C919 客机属中短途商用机，实际总长为 38 m，翼展为 35.8 m，高度为 12 m，其基本型布局为 168 座。标准航程为 4 075 km，最大航程为 5 555 km，经济寿命达 9 万飞行小时。

在减排方面，C919 是一款绿色排放、适应环保要求的先进飞机，通过环保的设计理念，将飞机碳排放量降低。同时，由于大量采用复合材料，较国外同类型飞机 80 分贝的机舱噪声，C919 机舱内噪声降低到 60 分贝以下。

舒适性是 C919 机舱设计的首要目标。机舱座位布局采用单通道，两边各三座，其中，中间的座位空间加宽，有效地缓解以往坐在中间座位乘客的拥挤感。据官方资料表示，C919 采用先进的环控、照明设计，提供给旅客更大的观察窗，更好的客舱空间，提供给旅客更好的舒适性；同时，降低剖面周长 0.326%，降低剖面面积 0.711%，机身结构重量降低 26.7 kg。

C919 采用四面式风挡。该项技术是国际上先进的工艺技术，干线客机中目前只有波音 787 采用，其风挡面积大，视野开阔，由于开口相对少，简化了机身加工工业，减少了飞机头部气动阻力。但是工艺难度相对较大，机头需要重新吹风，优化风挡位置和安装角，同时，有的风挡玻璃面积相对较大，制造工艺复杂，成本较高。该设计对机头受力和风挡间承力支柱强度提出了更高的要求，属于国际上比较先进的设计。

C919 具有全经济级、混合级、高密度级三种客舱布置构型，客舱段全长为 1 146 in；全经济级为 168 座，排距为 32 in；混合级为 156 座，公务舱 3 排 12 座，排距为 36 in，经济舱为 144 座，排距为 32 in；高密度级级为 180 座，排距为 30 in，公务舱每排 4 座，经济舱每排 6 座；乘务员座椅共 4 座，前服务区 2 座，后服务区 2 座。

综合参数如下：

最大起飞重量 72 500 kg（STD）77 300 kg（ER）

最大着陆重量 66 600 kg

最大设计航程 2 200 nmi（4 075 km）（STD）3 000 nmi（5 555 km）（ER）

巡航速度 0.7 ～ 0.84 M

最大使用速度 0.82 ～ 0.84 M

最大使用高度 12 100 m

客舱压力高度 2 400 m

初始巡航高度 10 668 m

读书笔记

单元二　波音737基本数据与客舱布局认知

新知导入

波音737系列飞机是美国波音公司生产的中短程双发喷气式客机。

初期研发的737系列有737-100/200、737-300/400/500，后期有737-600/700/800/900，共9个型号。

1993年11月，波音启动波音737-800模块研发，直接取代737-300。

1994年9月5日，启动波音737-800模块研发，在737-700的基础上加长机身，直接取代737-400。当时客户意向订购了40架飞机。至今为止，该机型依然深受各大航空公司的欢迎和信赖。

波音737-800成为民航历史上最成功的窄体民航客机系列之一，波音737-800主要针对中短程航线的需要，具有性能可靠、简捷、运营和维护成本经济性的特点，但是不适合远航飞行。根据项目启动时间和技术先进程度分为传统型737和新一代737。

一、基本数据

波音737-800客机基本数据如图1-10所示。

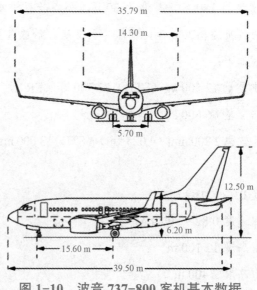

图1-10　波音737-800客机基本数据

（一）飞机的基本几何数据

（1）机长：39.5 m。

（2）机高：12.5 m。

（3）翼展：35.79 m。

（二）飞机的性能数据

（1）巡航高度：9 000 ～ 10 000 m。

（2）最大飞行高度：41 000 ft（12 300 m）。

（3）最大巡航速度：860 km/h。

（4）最远航程：3 136 mi（5 049 km）。

二、客舱布局

波音 737-800 客舱布局如图 1-11 所示，737-800 可以载客 162~189 名，在两等级机舱配置下，可载 162 人；全为经济客位配置下，载客量可达 189 人。两等级机舱配置时，头等 / 公务舱 8 个座位，经济舱 162 个座位。头等 / 公务舱为 1 ～ 2 排，2+2 布局，座位号为 ACHK，其中 A 和 K 靠窗户，其他靠过道；经济舱为 3 ～ 29 排，3+3 布局，座位号为 ABCHJK，其中 A 和 K 靠窗户，H 和 D 靠过道，10 ～ 17 排位于大翼上方，靠近发动机。在实际使用中，各航司会根据机型使用要求进行不同的客舱布局，卫生间数量有前 1 后 3 的 4 个卫生间布局，也有前 1 后 2 的 3 个卫生间布局，具体以航司实际布局为主。

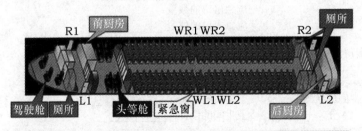

客舱布局	数量	舱位排序	舱位等级	座位数量	座位排序
机门 紧急窗口	4 4	A	F	8	1～2
卫生间	4	B	Y	159	11～37
厨房	2	乘务员6人		座位总数 167	

图 1-11　波音 737-800 客舱布局

知识检测

波音 737-800 客舱布局认知		
一、职业化形象检查（20分）		
模块	检查内容	得分
证件（5分）	课程所需材料齐全	_____分
着装（5分）	符合着装标准	_____分
发型及妆容（5分）	发型及妆容符合要求	_____分
手部及指甲（5分）	手部及指甲干净无异物	_____分
小计		_____分
二、专业知识（10分）		
模块	考核内容及评分标准（每空2分）	
机型参数（6分）	波音 737-800 客机基本数据：机长 _____m，机高 _____m，翼展 _____m	
客舱布局（4分）	波音 737-800 是单通道飞机，头等 / 公务舱 _____ 个座位，经济舱 _____ 个座位	
小计	_____分	
三、技能训练（30分）		
模块	认知过程（每空2分）	
舱门的认知（10分）	舱门数量：_____ 舱门位置：_____ 舱门类型：_____ 应急出口的数量：_____ 应急出口的位置 _____	
厨房的认知（4分）	厨房的位置：_____ 厨房的数量：_____	
卫生间的认知（4分）	卫生间的数量：_____ 卫生间的位置：_____	
舱位的认知（12分）	舱位等级：_____ 舱位数量：_____ 舱位排序：_____ 乘务员的座椅位置：_____ 乘务员的座椅数量：_____ 乘务长的座椅位置：_____	
小计	_____分	

续表

四、专业化态度（30分）				
模块	评分标准			
	优秀（5分）	良好（3分）	及格（2分）	需要提升（1分）
微笑服务（5分）				
敬语使用（5分）				
服务动作（5分）				
承认错误，主动道歉（5分）				
协作服务（5分）				
工作作风（5分）				
小计	_____分			

五、课后整理（10分）	
整理标准	（1）学习及实习场地卫生整洁，无废弃物，设备及桌椅整齐归位。 （2）客舱地毯干净、无污物。 （3）安全带整洁并交叉摆放。 （4）卫生清扫后，收起座椅靠背，椅袋内清洁袋须更换，整理好民航杂志和安全须知。 （5）洗手间内壁板、镜子、水池、马桶内外、地面必须干净、光亮、无异味、无积水。 （6）厨房台面、水池保持干净。 （7）垃圾箱（车）清洁并更换垃圾袋。 （8）毛毯、枕头、头片整洁。

评分标准	优秀（10分）	良好（8分）	及格（6分）	需要提升（4分）
小计	_____分			

六、教员总评

总分：

教师签字：
时　　间：

知识拓展

波音其他部分机型参数及客舱布局

波音787又称为"梦想客机"，中型双发宽体中远程运输机，是波音公司1990年启动波音777计划后14年来推出的首款全新机型，由波音民用飞机集团（BCA）负责开发，在2004年4月正式启动。经多次延期后，于美国时间2009年12月15日成功试飞。

波音公司强调波音787的特点是大量采用复合材料，低燃料消耗、较低的污染排放、高效益及舒适的客舱环境，可实现更多的点对点不经停直飞航线，以及较低噪声、较高可靠度、较低维修成本。

波音787机型分为787-8、787-9、787-10。海南航空引入的B787-8机型座位布局为36个公务舱座位，177个经济舱座位，共213个座位（图1-12）。

座位布局	213（含36座公务舱）
最大起飞重量（kg）	227 039
最大航程（km）	14 200～15 200
最大巡航高度（m）	13 137
翼展（m）	60.1

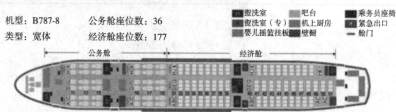

机型：B787-8　　公务舱座位数：36
类型：宽体　　　经济舱座位数：177

🟦盥洗室　🟦吧台　🟦乘务员座椅
🟦盥洗室（专）　🟦机上厨房　🟦紧急出口
🟦婴儿摇篮挂板　🟦壁橱　▬舱门

公务舱　　　　经济舱

图1-12　波音787-8客舱基本布局

海南航空B787-9机型座位布局（图1-13）为：

（1）30个公务舱座位，259个经济舱座位，共289个座位。

（2）30个公务舱座位，36个舒适经济舱座位，226个经济舱座位，共292个座位。

（3）26个公务舱座位，21个超级经济舱座位，247个经济舱座位，共294个座位。

座位布局1	289（含30座公务舱）
座位布局2	292（含30座公务舱）
最大起飞重量（kg）	252 650
最大航程（km）	14 200～15 200
最大巡航高度（m）	13 137
翼展（m）	60.1

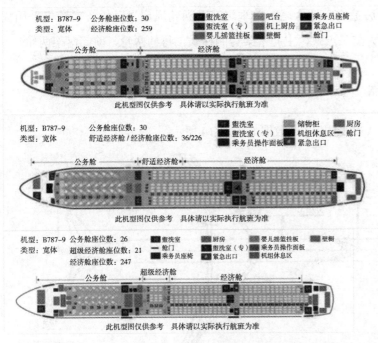

图1-13 波音787-9客舱基本布局

单元三 空中客车A320基本数据与客舱布局认知

新知导入

空中客车A320系列飞机是欧洲空中客车工业公司研制生产的第一款使用数字电传操纵飞行控制系统的商用民航客机。

A320系列飞机在设计上提高客舱适应性和舒适性，并且满足航空公司低成本运营中短程航线的需求。A320系列飞机包括A318、A319、A320和

A321，组成了单通道飞机系列。它们的最大共同性就是经济性和舒适性。

　　A320 是一种中短程、单通道、亚音速运输飞机，装有两台涡轮风扇发动机。机身横切面为圆形，除头部、尾椎、起落架舱及空调舱外全部为增压舱。客舱乘客座位布局根据运营需要安排，经审定最多可布置 180 个乘客座位。乘务员座椅可以视情况而定，但最少强制个数为 4 个。

　　A320 型飞机与 B737-800 型飞机相同，也是典型的客机式设计，下单翼、上反角、后掠式，低水尾、单垂尾，双涡轮风扇发动机，发动机采用翼吊式。起落架为前三点式，主起落架为两柱式，每柱两轮，前起落架两轮。

一、基本数据

　　空中客车 A320 客机基本数据如图 1-14 所示。

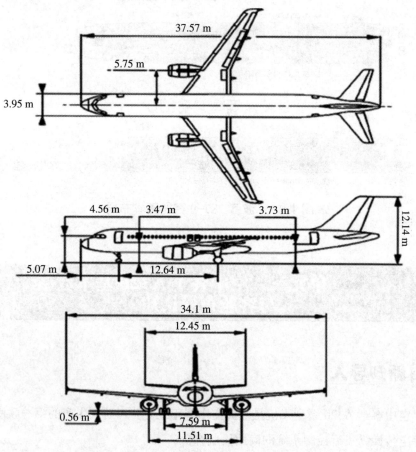

图 1-14　空中客车 A320 客机基本数据

（一）飞机机体数据

（1）机长：37.57 m。

（2）翼展：34.1 m。

（3）机高：12.14 m。

（二）飞机限制重量

（1）最大起飞全重：83 t。

（2）最大着陆全重：73.5 t。

（3）最大载油量：18.6 t。

（4）最大业载：21.6 t。

（5）载客量：185 人。

二、客舱布局

空客 A320 飞机分为头等舱和经济舱两个部分，客舱内一般有 2 个厨房、3 个洗手间、4 个地板高度出口（L1、L2、R1、R2）和 4 个翼上出口（WL1、WL2、WR1、WR2），如图 1-15 所示。

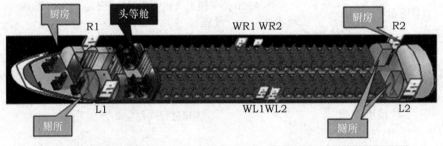

客舱布局	数量	客舱布局	舱位等级	座位数量	座位排号
机门	4/4	A舱	F舱	8	1～3
卫生间	3	B舱	Y舱	150/156	1～35
厨房	2				
乘务员数量：6人	座位总数：164紧急出口座位：19ABC-JKL　20ABC-JKL 158紧急出口座位：18ABC-JKL　19ABC-JKL				

图 1-15　空中客车 A320 客舱布局

📖 知识检测

A320 客舱布局认知		
一、职业化形象检查（20分）		
模块	检查内容	评分标准
证件（5分）	课程所需材料齐全	_____分
着装（5分）	符合着装标准	_____分
发型及妆容（5分）	发型及妆容符合要求	_____分
手部及指甲（5分）	手部及指甲干净无异物	_____分
小计	_____分	
二、专业知识（10分）		
模块	考核内容及评分标准（每空2分）	
机型参数（6分）	空客 A320 客机基本数据：机长_____m，机高_____m，翼展_____m	
客舱布局（4分）	空客 A320 是单通道飞机，头等/公务舱_____个座位，经济舱_____个座位	
小计	_____分	
三、技能训练（30分）		
模块	认知过程（每空2分）	
舱门的认知（10分）	舱门数量：_____ 舱门位置：_____ 舱门类型：_____ 应急出口的数量：_____ 应急出口的位置：_____	
厨房的认知（4分）	厨房的位置：_____ 厨房的数量：_____	
卫生间的认知（4分）	卫生间的数量：_____ 卫生间的位置：_____	

续表

舱位的认知（12分）	舱位等级：_____ 舱位数量：_____ 舱位排序：_____ 乘务员的座椅位置：_____ 乘务员的座椅数量：_____ 乘务长的座椅位置：_____
小计	_____分

<table>
<tr><td colspan="5" align="center">四、专业化态度（30分）</td></tr>
<tr><td rowspan="2" align="center">模块</td><td colspan="4" align="center">工作完成情况</td></tr>
<tr><td>优秀（5分）</td><td>良好（3分）</td><td>及格（2分）</td><td>需要提升（1分）</td></tr>
<tr><td>微笑服务（5分）</td><td></td><td></td><td></td><td></td></tr>
<tr><td>热情有礼，敬语使用自如（5分）</td><td></td><td></td><td></td><td></td></tr>
<tr><td>服务动作规范（5分）</td><td></td><td></td><td></td><td></td></tr>
<tr><td>主动道歉（5分）</td><td></td><td></td><td></td><td></td></tr>
<tr><td>协作服务（5分）</td><td></td><td></td><td></td><td></td></tr>
<tr><td>工作作风（5分）</td><td></td><td></td><td></td><td></td></tr>
<tr><td align="center">小计</td><td colspan="4" align="center">_____分</td></tr>
</table>

<table>
<tr><td colspan="2" align="center">五、课后整理（10分）</td></tr>
<tr><td align="center">整理标准</td><td>（1）学习及实习场地卫生整洁，无废弃物，设备及桌椅整齐归位。
（2）客舱地毯干净、无污物。
（3）安全带整洁并交叉摆放。
（4）卫生清扫后，收起座椅靠背，椅袋内清洁袋须更换，整理好民航杂志和安全须知。
（5）洗手间内壁板、镜子、水池、马桶内外、地面必须干净、光亮、无异味、无积水。
（6）厨房台面、水池保持干净。
（7）垃圾箱（车）清洁并更换垃圾袋。
（8）毛毯、枕头、头片整洁。</td></tr>
</table>

续表

卫生整理评价（10分）	优秀（10分）	良好（8分）	及格（6分）	需要提升（4分）
小计	分			
六、教员总评				

总分：

教师签字：

时　间：

读书笔记

知识拓展

空中客车其他部分机型参数及客舱布局

空中客车 A330-300 型客机是空客公司 A330/A340 家族中载客量最大的一种型号，与 A340-300 型相比，其机身相同，发动机只有两台，与发动机相关的系统也有所不同，航程较短。

A330-300 飞机的座运营成本极低，在客舱布局的灵活性和乘坐舒适性方面进行了优化设计。A330-300 飞机拥有真正的宽体机身，能够满足不同运营商对不同客舱座位数和分级布局的多种需求（图 1-16）。

座位布局 1	292（含 32 座公务舱）
座位布局 2	303（含 24 座公务舱）
最大起飞重量（kg）	233 000
最大航程（km）	10 400
最大巡航高度（km）	12 633
翼展（m）	60.3

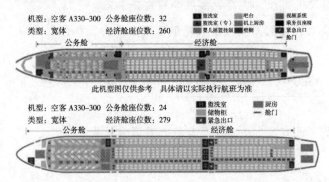

图 1-16　空客 A330-300 飞机参数及客舱布局

空客 A350 共有 334 个座位，其中公务舱为 33 个，为 1-2-1 布局，采用交错式构型座椅并搭载松下 EX3 系统，配备 16 英寸 1 080P 高清触摸屏幕 / 手柄；经济舱采用 3-3-3 布局，额外腿部空间经济舱共有 108 个，座位间距为 34 英寸；普通经济舱为 193 个座位，座位间距为 31 英寸，经济舱座椅搭载松下 EX3 系统，配备 9 英寸 1 080P 高清屏幕。还配备 Nespresso 胶囊咖啡机，全自动一键式冲泡技术，满足各式咖啡需求（图 1-17）。

读书笔记

座位布局	334（含 33 座公务舱）
最大起飞重量（kg）	275 000
最大航程（km）	15 001
最大巡航高度（m）	13 100
翼展（m）	64.75

图 1-17　空客 A350-900 飞机参数及客舱布局

复习与思考

1. B737-800 型飞机机长、机高、翼展分别是多少米？

2. B737-800 型飞机巡航高度、最大巡航速度分别是多少千米？

3. APU 是指飞机的什么设备？它的作用有哪些？

4. A320 型飞机机长、机高、翼展分别是多少米？

5. A320 型飞机巡航高度、最大巡航速度、最大航程分别是多少千米？

6. 请画出 A320 型飞机客舱平面图，并标出机门、应急窗、卫生间、厨房的位置。

7. A320 型飞机有多少个乘务员座席？载客人数是多少？

模块二

客舱服务设备

1. 了解行李架、衣帽间及储物柜的功能；
2. 掌握服务组件、飞机座椅的结构和操作方法。

1. 具有能够按照民航服务岗位资格标准进行客舱服务的能力；
2. 具有能够按照民航服务岗位资格标准操作客舱服务设备的能力。

1. 具有质量意识、环保意识及工匠精神；
2. 热爱民航事业，践行"忠诚担当的政治品格，严谨科学的专业精神，团结协作的工作作风，敬业奉献的职业操守"的当代民航精神；
3. 具有较强的安全意识和良好的服务意识。

单元一　座椅的认知与使用

新知导入

一、旅客座椅

旅客座椅分为两种：一种是头等舱座椅；另一种是普通舱座椅。机上每个两周岁以上人员应有独立的座椅，不满两周岁的儿童应由独立占座的成年人抱紧照顾。

（一）头等舱座椅

飞机头等舱座椅的数量与航空公司布局、型号、航线有关。目前国内A320飞机及B737飞机的头等舱座椅布局一般为2排，单排分左右2个座位，共8个座位。头等舱座椅如图2-1所示。

图2-1　头等舱座椅

（二）普通舱座椅

空客 A320 型飞机、波音 B737-800 型飞机的普通舱座椅左右两侧各 3 个连排座椅。普通舱座椅如图 2-2 所示。

图 2-2 普通舱座椅

读书笔记

（三）座椅各部件的功能

1. 座椅靠背与坐垫

飞机座椅靠背与坐垫不仅给旅客提供了舒适，在突发受力情况下还能吸收部分冲击力，对乘客起到保护作用。座椅靠垫还具有阻燃作用，其制作材料如海绵、外层布料或皮料等都要符合阻燃要求，在客舱失火时能最大限度地保护人员安全。一些坐垫还具有漂浮功能，在乘客落入水面时，坐垫可以当漂浮物使用。

座椅靠背角度可以调节，但应急出口座位的靠背不能调节。调节时需要按动座椅靠背调节按钮。座椅靠背及坐垫如图 2-3 所示。

图 2-3　座椅靠背与坐垫

2. 座椅扶手

靠背调节按钮及第一排旅客的小桌子在座椅扶手里。普通舱每组座椅的中间扶手可以活动，当无人占用时可增大其使用空间。过道座椅的扶手为固定式，应急出口处的扶手固定于应急出口门，其余靠窗的扶手也为固定式。国产大飞机 C919 客机中间座椅是 18.5 英寸，两侧是 18 英寸，多出来的 0.5 英寸体现出人性化的关怀。座椅扶手如图 2-4 所示。

图 2-4　座椅扶手

3. 头枕

头枕可以防止冲击，固定头部，如图 2-5 所示。国产 C919 客机上头枕是可以上下拉动的，满足了不同身高乘客的需求。

图 2-5　头枕

4. 安全带

在飞机滑行、起飞、降落、遇有颠簸时，旅客要系好安全带。安全带如图 2-6 所示。安全带分为一般安全带、婴儿安全带、加长安全带。婴儿安全带仅限两岁以下婴儿使用，是为婴儿提供防冲击的固定装置。加长安全带适用肥胖旅客及大件行李固定，可直接与原有安全带连接。

读书笔记

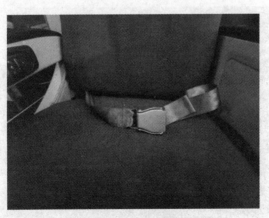

图 2-6　安全带

读书笔记

5. 旅客控制组件（PCU）

旅客控制组件设有耳机插孔、频道选择和音量调节。旅客控制组件如图 2-7 所示。

图 2-7　旅客控制组件

6. 小桌板

在飞机正常巡航时，小桌板可以用来摆放食品和个人物品；飞机小桌板一般位于前排座椅靠背的后面，不使用时小桌板贴紧座椅靠背并被锁扣锁紧；头等舱和经济舱第一排座椅的小桌板储藏于座椅扶手内，为折叠式小桌板；当飞机在滑行、起飞、降落或遇有颠簸时，必须将小桌板收好、扣紧。小桌板如图 2-8 所示。

图 2-8　小桌板

7. 旅客救生衣

旅客救生衣存放在每个座椅下方，以备水上应急脱离时使用。旅客救生衣如图 2-9 所示。

图 2-9　旅客救生衣

8. 行李挡杆

行李挡杆位于座椅下方，在飞机起飞和下降时固定座椅底下的小件行李，也可以在紧急情况下作为辅助手柄起到固定作用。行李挡杆如图 2-10 所示。

图 2-10　行李挡杆

读书笔记

31

9. 书报袋

书报袋位于座椅背后及第一排座椅前隔板上，放有报纸杂志、清洁袋和安全须知卡，在应急出口座位处的书报袋内会增加一份应急出口须知卡。书报袋如图 2-11 所示。

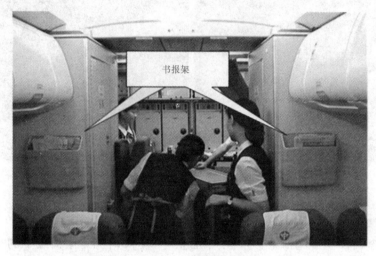

图 2-11　书报袋

视频：服务设备
航前检查

10. 脚凳

脚凳只有在头等舱旅客座椅下方安装，普通舱座椅没有。注意在起飞和下降过程中需要将脚凳收起。脚凳如图 2-12 所示。

图 2-12　脚凳

二、乘务员座椅

（一）乘务员座椅种类

飞机客舱共有三种类型的乘务员座椅，分别介绍如下：

（1）在地板上装配的单个乘务员座椅，如图 2-13 所示。

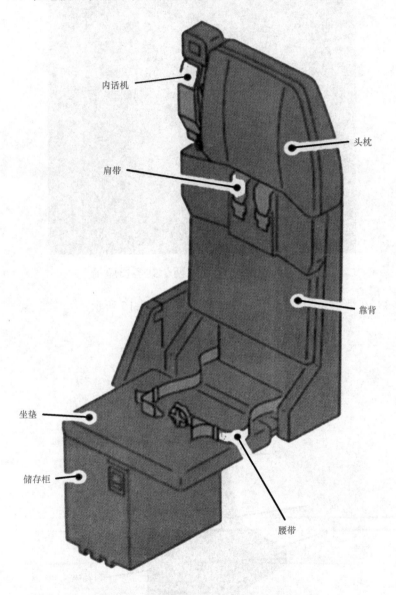

内话机

头枕

肩带

靠背

坐垫

储存柜

腰带

图 2-13　地板装配的单个乘务员座椅

（2）在墙上装配的两个乘务员座椅，如图 2-14 所示。

图 2-14　墙上装配的两个乘务员座椅

（3）在墙上装配的单个乘务员座椅，如图 2-15 所示。

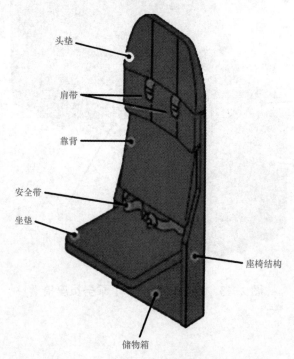

头垫

肩带

靠背

安全带

坐垫

座椅结构

储物箱

图 2-15　墙上装配的单个乘务员座椅

（二）各机型座椅特点、位置及注意事项

乘务员座椅配有安全带、肩带和头垫。肩带为可回弹设备，在座椅不使用时缩回原位。座椅的肩带、安全带均可调节，乘务员座椅在无人使用时会自动返回原位。在每个乘务员座椅下方的储藏室内有机组救生衣，部分储藏箱内还会存放灭火瓶或人工开氧工具，应急手电筒存放在乘务员座椅的附近，方便乘务员能够在紧急情况时快速拿取。

航前应检查座椅安全带的制动装置是否完好；确认座椅垫是否能够自动收回；安全带使用后，必须整理好固定在座位内。

1.波音737-800乘务员座椅

波音737-800和空客A320飞机设有6个乘务员座椅，前舱1个双人折叠座椅，后舱2个双人折叠座椅，分别位于L1、L2、R2舱门附近。

乘务员座椅仅供机组人员使用，一旦座椅垫发生故障无法自动收回，必须及时修复，在乘务员座椅下方设有应急设备储藏箱，不得摆放其他物品。

2.空客A320乘务员座椅位置

空客A320飞机设有6个乘务员座椅。L1门处有1个双人折叠乘务员座椅，L2门处有1个单人折叠座椅，R2门处有1个双人折叠乘务员座椅和1个旋转单人折叠座椅。

单人旋转折叠座椅位于后舱右侧盥洗室处，使用时旋转打开，听到锁扣固定的声音即可；不用时，将座椅下方的固定锁扣提起，然后旋转收回座椅，收回后需要确认安全带在座椅内固定。

读书笔记

知识检测

座椅的认知与使用		
一、职业化形象检查（20分）		
模块	检查内容	评分标准
证件（5分）	课程所需材料齐全	＿＿＿＿分
着装（5分）	符合着装标准	＿＿＿＿分

续表

发型及妆容（5分）	发型及妆容符合要求	_____ 分
手部及指甲（5分）	手部及指甲干净无异物	_____ 分
小计		_____ 分
二、专业知识（10分）		
模块	考核内容及评分标准（每空2分）	
B737-800 座椅认知（6分）	波音 737-800：设有 _____ 个乘务员座椅，前舱 _____ 个双人折叠座椅，后舱 _____ 个双人折叠座椅	
客舱布局（4分）	空客 A320 飞机设有 6 个乘务员座椅。L1 门处有 _____ 个双人折叠乘务员座椅，L2 门处有 1 个单人折叠座椅，R2 门处有 1 个双人折叠乘务员座椅和 _____ 个旋转单人折叠座椅	
小计	_____ 分	
三、技能训练（30分）		
模块	认知过程	
座椅功能操作（10分）	座椅调整：_____ 小桌板调整：_____ 安全带整理：_____ 救生衣检查：_____ 旅客控制组件认知：_____	
航前检查中的座椅检查（10分）	外观及椅套无破损：_____ 扶手、椅背、靠垫调节正常：_____ 安全带完好无污渍：_____ 小桌板收放自如、平整：_____ 无故障记录：_____	
乘务员座椅及安全带的使用（10分）	乘务员座椅检查：_____ 乘务员安全带规范使用：_____	
小计	_____ 分	

续表

四、专业化态度（30 分）				
模块	工作完成情况			
	优秀（5 分）	良好（3 分）	及格（2 分）	需要提升（1 分）
微笑服务（5 分）				
热情有礼，敬语使用自如（5 分）				
服务动作规范（5 分）				
承认错误，主动道歉（5 分）				
协作服务（5 分）				
工作作风（5 分）				
小计	_____分			

五、课后整理（10 分）				
整理标准	（1）学习及实习场地卫生整洁，无废弃物，设备及桌椅整齐归位。 （2）头等舱/公务舱座椅扶手处擦净并无废弃物。 （3）座椅后口袋内清洁，无杂物；袋内物品（安全须知、民航杂志、清洁袋等）齐全、整洁、完好并按次序正面朝外横向摆放整齐。 （4）座椅各部分整洁，无粘黏物；椅套平整无污渍、无破损；座椅靠背收直。 （5）头片干净、熨烫平整并粘贴牢固整齐，头片按规定更换。 （6）小桌板干净，无污渍；桌板支架清洁，无灰尘；擦拭待晾干后收起扣好或放入扶手内，盖好扶手板。 （7）安全带整洁；配对齐全；交叉摆放（搭扣在上，插口在下）。			
卫生整理评价（10 分）	优秀（10 分）	良好（8 分）	及格（6 分）	需要提升（4 分）
小计	_____分			

续表

六、教员总评
总分：　　　　　　　　　　　　　　　　　　　　教师签字： 　　　　　　　　　　　　　　　　　　　　　　时　间：

知识拓展

如何使用漂浮坐垫

要想使用漂浮坐垫，那么我们明确一下，您的坐垫是否带漂浮功能？不是所有的飞机坐垫都可以漂浮，其实识别漂浮坐垫的方法很简单，如果是具有漂浮功能的坐垫，在前方座椅靠背的背面会写明"使用座椅坐垫做救生漂浮物"（Use Seat Bottom Cushion for Flotation）。在民航运输中也有相关规定，要求飞机飞行航路如果经过广阔水域，飞机的坐垫须具有漂浮功能。

坐垫是用魔术贴固定在座椅构架上的，在紧急情况下，如需使用坐垫作为漂浮物，应用力掀起坐垫。位于坐垫背后有两根红色布带，双手抱紧坐垫，手臂交叉穿过红色布带，左手抓牢右侧布带，右手抓住左侧布带。落入水中时，头依靠座椅浮出水面。

单元二 旅客服务组件（PSU）的认知与使用

新知导入

旅客服务组件（Passenger Service Unit，PSU）位于客舱行李架的底部，旅客的上方。每个组件包括阅读灯、呼叫按钮、通风孔、氧气面罩储藏箱和旅客信息组件（Passenger Information Unit，PIU），如图 2-16 所示。

图 2-16　旅客服务组件

读书笔记

一、阅读灯

每个座椅上方有一个对应的阅读灯及阅读灯开关，阅读灯开关位于阅读灯一侧。当按下阅读灯开关时，阅读灯亮；当再次按下阅读灯开关时，阅读灯熄灭。

二、呼叫按钮

呼叫按钮位于旅客座椅上方的 PSU 上，当按下呼叫乘务员按钮时呼叫显示灯亮。同时，位于前、后乘务员工作岗位上方显示面板上的蓝色呼叫灯亮，并伴有一声高音钟声。

三、通风孔

旋转通风孔可以开启、关闭和调节通风量。向左旋转为打开，向右旋转为关闭。通风孔如图 2-17 所示。

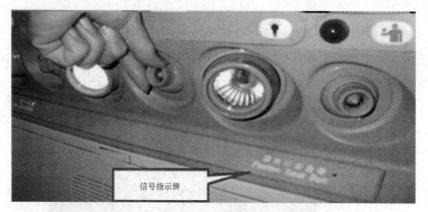

信号指示牌

图 2-17 通风孔

四、氧气面罩储藏箱

氧气面罩储藏箱内有 1 个化学氧气发生器和 4 个氧气面罩。

五、旅客信息组件（PIU）

旅客信息组件包括信号指示灯和扬声器。信号指示灯包含"禁止吸烟"和"系好安全带"两种指示灯。"禁止吸烟"信号灯在飞行过程中全程处于打开状态；"系好安全带"信号灯由机长控制，在滑行、起飞、下降、着陆和遇有颠簸时打开，打开和关闭时伴有提醒的单低谐音。

📖 知识检测

旅客服务组件的认知与使用		
一、职业化形象检查（20 分）		
模块	检查模块	评分标准
证件（5 分）	课程所需材料是否齐全	_____分
着装（5 分）	符合着装标准	_____分
发型及妆容（5 分）	发型及妆容符合要求	_____分

续表

手部及指甲（5分）	手部及指甲干净无异物	＿＿＿＿分
小计		＿＿＿＿分
二、专业知识（10分）		
模块	考核内容及评分标准（每空2分）	
旅客服务组件（6分）	旅客服务组件（Passenger Service Unit，＿＿＿＿＿＿）位于客舱行李架的底部，旅客的上方。每个组件包括阅读灯、＿＿＿＿＿＿、呼叫按钮、呼叫指示灯、通风孔、＿＿＿＿＿＿和旅客信息组件（Passenger Information Unit，PIU）	
旅客信息组件（4分）	旅客信息组件包括信号指示灯和扬声器。信号指示灯包含"＿＿＿＿＿＿"和"＿＿＿＿＿＿"两种指示灯	
小计	＿＿＿＿分	
三、技能训练（30分）		
模块	认知过程	
设备使用（10分）	阅读灯开启和关闭：＿＿＿＿＿＿＿＿＿＿ 呼叫按钮开启和关闭：＿＿＿＿＿＿＿＿＿＿ 通风孔开启和关闭：＿＿＿＿＿＿＿＿＿＿ 氧气面罩储藏室的开启和关闭：＿＿＿＿＿＿	
航前检查（10分）	阅读灯、呼唤铃工作正常。 客舱通风口无堵塞。 风量、方向调节自如。	
工作演练（10分）	扮演乘务员处理呼叫指示灯点亮的工作情景	
小计	＿＿＿＿分	
四、专业化态度（30分）		

模块	工作完成情况			
	优秀（5分）	良好（3分）	及格（2分）	需要提升（1分）
微笑服务（5分）				
热情有礼，敬语使用自如（5分）				

续表

服务动作规范（5分）				
承认错误，主动道歉（5分）				
协作服务（5分）				
工作作风（5分）				
小计	_____分			
五、课后整理（10分）				
整理标准	（1）学习及实习场地卫生整洁，无废弃物，设备及桌椅整齐归位。 （2）头等舱/公务舱座椅扶手处擦净并无废弃物。 （3）座椅后口袋内清洁，无杂物；袋内物品（安全须知、民航杂志、清洁袋等）齐全、整洁、完好并按次序正面朝外横向摆放整齐。 （4）座椅各部分整洁，无粘黏物；椅套平整无污渍、无破损；座椅靠背收直。 （5）头片干净、熨烫平整并粘贴牢固整齐，头片按规定更换。 （6）小桌板干净，无污渍；桌板支架清洁，无灰尘；擦拭待晾干后收起扣好或放入扶手内，盖好扶手板。 （7）安全带整洁；配对齐全；交叉摆放（搭扣在上，插口在下）。			
卫生整理评价（10分）	优秀（10分）	良好（8分）	及格（6分）	需要提升（4分）
小计	_____分			
六、教员总评				

总分：

教师签字：

时　　间：

Civil Aviation Cabin Equipment

续表

服务动作规范（5分）				
承认错误，主动道歉（5分）				
协作服务（5分）				
工作作风（5分）				
小计	_____分			
五、课后整理（10分）				
整理标准	（1）学习及实习场地卫生整洁，无废弃物，设备及桌椅整齐归位。 （2）头等舱/公务舱座椅扶手处擦净并无废弃物。 （3）座椅后口袋内清洁，无杂物；袋内物品（安全须知、民航杂志、清洁袋等）齐全、整洁、完好并按次序正面朝外横向摆放整齐。 （4）座椅各部分整洁，无粘黏物；椅套平整无污渍、无破损；座椅靠背收直。 （5）头片干净、熨烫平整并粘贴牢固整齐，头片按规定更换。 （6）小桌板干净，无污渍；桌板支架清洁，无灰尘；擦拭待晾干后收起扣好或放入扶手内，盖好扶手板。 （7）安全带整洁；配对齐全；交叉摆放（搭扣在上，插口在下）。			
卫生整理评价（10分）	优秀（10分）	良好（8分）	及格（6分）	需要提升（4分）
小计	_____分			
六、教员总评				

总分：

教师签字：

时　　间：

关于旅客服务组件（PSU）

对于 B737，旅客服务组件（PSU）就是头顶装有阅读灯和阅读灯按键及乘务员呼唤铃的部件，三个座位共用一个组件。而旅客控制组件（PCU）是安装在座椅扶手上用来调节耳机接收的频道和音量的。具体构型因机型不同而有差别，宽体机已经没有 PSU，如 B777/A330 等。

单元三 客舱通用设备的认知与使用

新知导入

客舱通用设备包括观察窗与遮光板、隔板与门帘、行李架、衣帽间、婴儿摇篮。

一、观察窗与遮光板

读书笔记

在飞机客舱两侧每隔 20 in（50.8 cm）设置一个观察窗，观察窗上缘基本与旅客视线平行。观察窗上安装嵌框，每个嵌框上配备有非透明滑动遮光板，除应急出口处遮光板向上拉动关闭外，其余遮光板均为向下拉动关闭，飞机在起飞及下降期间遮光板须处于打开状态。

观察窗为三层玻璃，靠近旅客的内层为有机玻璃，中间层和外层为抗压玻璃，中间层玻璃上有一个平衡气压的小通气孔。观察窗如图 2-18 所示。

图 2-18　观察窗

二、隔板与门帘

厨房和客舱之间、不同等级舱位之间设有隔板与门帘。在正常飞行过程中门帘处于拉开状态，在起飞和下降过程中保持门帘收起并固定好。隔板与门帘如图 2-19 所示。

图 2-19　隔板与门帘

三、行李架

行李架位于旅客座椅上方，客舱的左右两侧，贯穿整个客舱。其主要用于存储机组人员和旅客的行李，部分机载应急设备也存放在指定的行李箱里。每个行李架均设有最大限载标示，舱顶每个约 92 cm 的行李架可放置 81 kg 的物品。行李架下方的凹槽可供在客舱中行走的人员作为辅助手柄固定自己。行李架如图 2-20 所示。

行李架在使用过程中应注意以下几点：

（1）行李架尺寸及载重有限制。

（2）存放机载应急设备的行李箱禁止摆放其他物品。

（3）行李禁止叠放，行李箱关闭后不得有物品外漏。

（4）存在泄露、尖锐、光滑、坚硬的物品不得存放。

图 2-20　行李架

四、衣帽间

在飞机前部头等舱处设有一个较大的衣帽间，内设衣物挂架。其主要用于存放头等舱旅客的衣服。在飞机后部设有一个较小的衣帽间，用于存放紧急设备及乘务员飞行所需的用品。衣帽间如图 2-21 所示。

读书笔记

图 2-21　衣帽间

五、婴儿摇篮

　　婴儿摇篮是供婴儿旅客使用的，存放于衣帽间内。婴儿摇篮如图 2-22 所示。

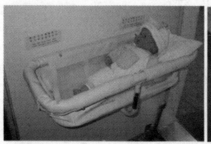

图 2-22　婴儿摇篮

知识检测

客舱通用设备的认知与使用		
一、职业化形象检查（20分）		
模块	检查内容	评分标准
证件（5分）	课程所需材料齐全	_____分
着装（5分）	符合着装标准	_____分
发型及妆容（5分）	发型及妆容符合要求	_____分
手部及指甲（5分）	手部及指甲干净无异物	_____分
小计		_____分
二、专业知识（10分）		
模块	考核内容及评分标准（每空2分）	
客舱设备（10分）	客舱通用设备包括观察窗与遮光板、_____、_____、衣帽间、_____。 在飞机客舱两侧每隔_____设置一个观察窗，观察窗上缘基本与旅客视线平行。观察窗上配备有遮光板，除应急出口处遮光板向上拉动关闭外，其余遮光板均为向下拉动关闭，飞机在起飞及下降期间遮光板须处于打开状态。 观察窗为三层玻璃，靠近旅客的内层为有机玻璃，中间层和外层为抗压玻璃，中间层玻璃上有一个平衡气压的_____。	
小计	_____分	
三、技能训练（30分）		
模块	认知过程	
客舱通用设备使用（15分）	观察窗与遮光板的认知与使用练习：_____ 隔板与门帘的认知与使用练习：_____ 行李箱的认知与使用练习：_____ 衣帽间的认知与使用练习：_____ 婴儿摇篮的认知与使用练习：_____	

续表

航前检查客舱通用设备（15分）	客舱衣帽间外观无破损；锁扣开关完好；衣架配备数量齐全。 客舱行李架外观无破损；锁扣开关完好。 客舱地毯平整、不移动；无破损、无污渍；地毯压条不变形；卡扣压位准确。 客舱灯光外观无破损，开启后，灯光明亮无异色、不闪烁；明暗能调节。 客舱观景窗外观无破损；遮阳板收放自如。 客舱壁板、顶板外观无破损，不脱落。 门帘外观无破损；挂钩完好；固定搭扣齐全。
小计	_____分

四、专业化态度（30分）			
模块	工作完成情况		
	优秀（5分）	良好（3分）	及格（2分）	需要 提升（1分）
微笑服务（5分）				
热情有礼， 敬语使用自如（5分）				
服务动作规范（5分）				
承认错误，主动道歉 （5分）				
协作服务（5分）				
工作作风（5分）				
小计	_____分			

续表

	五、课后整理（10分）		
整理标准	（1）学习及实习场地卫生整洁，无废弃物，设备及桌椅整齐归位。 （2）头等舱／公务舱座椅扶手处擦净并无废弃物。 （3）座椅后口袋内清洁，无杂物；袋内物品（安全须知、民航杂志、清洁袋等）齐全、整洁、完好并按次序正面朝外横向摆放整齐。 （4）座椅各分部整洁，无粘黏物；椅套平整无污渍、无破损；座椅靠背收直。 （5）头片干净、熨烫平整并粘贴牢固整齐，头片按规定更换。 （6）小桌板干净，无污渍；桌板支架清洁，无灰尘；擦拭待晾干后收起扣好或放入扶手内，盖好扶手板。 （7）安全带整洁；配对齐全；交叉摆放（搭扣在上，插口在下）。 （8）客舱壁板、观景窗、遮阳板、行李架内外及下方光亮整洁无灰尘；行李架门和遮阳板全部打开。 （9）书报车、衣帽间内外整洁，无杂物、无积灰、无污渍；衣架摆放整齐。 （10）毛毯、头枕和座椅靠垫干净、无异味；毛毯烘干熨平加封后方可重新配上飞机，按规定数量放置于指定位置。 （11）地毯整洁、平整、无污迹、无破损。 （12）门帘干净，无污渍、无破损；熨烫平整。		
卫生整理评价（10分）	优秀（10分）	良好（8分）	及格（6分）	需要提升（4分）
小计	_____分		
	六、教员总评		
总分：	教师签字： 时　　间：		

知识拓展

飞机起飞时为什么要打开遮阳板

很多人一上飞机就把遮阳板拉下来，准备一觉睡到下飞机。但没过几分钟，空姐就会提醒你，在飞机起落时需要把遮阳板提起来。这是为什么呢？

打开遮阳板是为了应对意外情形的发生而采取的提前预防措施。飞机的意外发生，一般集中在起飞和降落这几分钟里。有数据显示，在世界上所有的空难或飞机事故中，60%以上都发生在飞机起飞阶段，尤其是最开始的7 min。这时，如果遮阳板被打开，作用就非常大了。

飞机一旦出现事故，必然伴随着强烈的撞击，或者大幅度的转弯甚至侧翻。如果遮阳板是打开的，乘客就可以预判飞机下一步的运动轨迹，提前采取保护措施，最大限度地减少受伤的可能性，尤其是头部的损害。

当飞机出现故障时，其自身的照明系统必然会受到影响，直到完全中断。如果没有打开遮阳板，这时舱内可以说是一片漆黑。在那样的情形下，必然引发恐慌，即使最后是虚惊一场，乘客内部也可能造成伤亡。打开遮阳板，可以提供照明，帮助乘客判断舱内的形势，避免慌乱。

一旦事故发生，机场的救援队会第一时间赶赴事故现场，遮阳板打开的情况下，可以为救援提供方向，第一时间采取最有效的救援方式。如果遮阳板是关闭状态，看不清舱内的情况，会严重耽搁救援的黄金时间。甚至舱内起火可能引发爆炸这样的危险情形，都不会被发现。

复习与思考

1. 乘客使用行李架时应注意哪些问题？
2. 乘客座椅上方的PSU装置包括哪些服务组件？
3. 乘客座椅上方的服务组件PIU装置包括哪些信息？
4. 乘客座席处遮光板的作用是什么？使用时应注意哪些事项？
5. 座椅靠背不可以调节的原因有哪些？
6. 飞机上使用婴儿摇篮有哪些注意事项？

模块三

厨房设备

1. 了解 B737/A320 的厨房布局；
2. 掌握厨房电器设备、厨房常用设备的操作方法。

1. 具有能够按照民航服务岗位资格标准进行客舱服务的能力；
2. 具有能够按照民航服务岗位资格标准操作厨房设备的能力。

1. 具有环保意识、信息素养、工匠精神、创新思维；
2. 热爱民航事业，践行"忠诚担当的政治品格，严谨科学的专业精神，团结协作的工作作风，敬业奉献的职业操守"的当代民航精神；
3. 具有较强的安全意识和良好的服务意识。

读书笔记

单元一　厨房的认知与使用

新知导入

厨房设于前、后客舱两端（图3-1）。厨房系统为可拆卸式，用于食品及饮料等储备，以及存储机上供应品，放置餐车、容器等服务用具。每个厨房都有一套完整的用电和用水的设备，以及其他辅助设施，如电源控制面板、烤箱、烧水器、煮咖啡器、烧水杯、保温箱、冷藏箱、供水系统、下水槽、垃圾箱等。

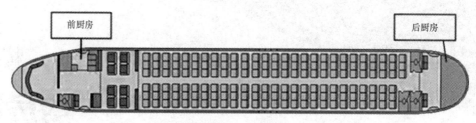

图 3-1　飞机厨房

视频：厨房设
备航前检查

一、波音 737-800 飞机厨房

波音 737-800 飞机前、后设有两个厨房。前厨房位于 R1 门处的前部和后部，负责头等舱旅客及全体机组人员的餐饮服务；后厨房位于 L2 门和 R2 门之间的后部，负责普通舱旅客的餐饮服务。

二、空客 A320 飞机厨房

空客 A320 飞机前、后设有两个厨房。前厨房位于 R1 门处的前部和后部，负责头等舱旅客及全体机组人员的餐饮服务；后厨房位于 L2 门和 R2 门之间的后部，负责普通舱旅客的餐饮服务。

知识检测

厨房的布局认知		
一、职业化形象检查（20分）		
模块	检查内容	评分标准
证件（5分）	课程所需材料齐全	_____分
着装（5分）	符合着装标准	_____分
发型及妆容（5分）	发型及妆容符合要求	_____分
手部及指甲（5分）	手部及指甲干净无异物	_____分
小计		_____分
二、专业知识（10分）		
模块	考核内容及评分标准（每空2分）	
厨房布局认知（10分）	厨房用于准备餐饮，存储机上供应品，放置 _____、容器等服务用具。每个厨房都有一套完整的 _____ 和 _____ 的设备，以及其他辅助设施，如电源控制面板、烤箱、_____、煮咖啡器、烧水杯、保温箱、冷藏箱、供水系统、下水槽、_____ 等	
小计	_____分	
三、技能训练（30分）		
模块	认知过程	
客舱通用设备（30分）	波音 737-800 飞机厨房的认知：_____ 空客 A320 飞机厨房的认知：_____	
小计	_____分	
四、专业化态度（30分）		

模块	工作完成情况			
	优秀（5分）	良好（3分）	及格（2分）	需要提升（1分）
微笑服务（5分）				
热情有礼，敬语使用自如（5分）				
服务动作规范（5分）				

续表

承认错误，主动道歉（5分）				
协作服务（5分）				
工作作风（5分）				
小计	_____分			
五、课后整理（10分）				
整理标准	（1）学习及实习场地卫生整洁，无废弃物，设备及桌椅整齐归位。（2）厨房台面、水池保持干净无堵塞			
卫生整理评价（10分）	优秀（10分）	良好（8分）	及格（6分）	需要提升（4分）
小计	_____分			
六、教员总评				
总分： 教师签字： 时　　间：				

读书笔记

知识拓展

如何知道航班上是否有餐食

　　一般航班根据起飞时间和飞行时间来配备餐食，例如，9：30之前起飞的航班会配备早餐，11：30—13：00之间起飞或落地的航班基本配备午餐，17：30—19：00之间起飞或降落的航班配备晚餐。

但航空公司也会根据各地航空食品公司的保障能力提供餐食，还有飞行时间在 1 h 左右的短途航线基本只发小吃或饼干的。国际航线餐食会根据时间长短发放一餐、两餐。所以只看航班号是看不出是否含餐食的。

飞机餐即是民航飞机在航程中供应给乘客的餐饮。飞机餐菜式由航空公司指定，一般由指定供应航机饮食的机构供应，在机场附近制作，并直接运送至航机上，在航程中途飞机稳定时由空中服务员放在手推车上分发给乘客。

不同等级客位的飞机餐，在菜式、分量及成本各方面都有分别。头等及商务客位的飞机餐，在食物及进餐程序皆尽量模仿高级餐厅，虽然如此，但与真正的餐厅始终有别。而经济客位的飞机餐，则与快餐较为相似，以分发效率、储存体积及成本等为主要考虑因素，食物的味道难以令乘客有高期望。2014 年飞机餐有了国家标准，保质期不可超过 36 小时。

单元二 厨房电器设备的认知与使用

新知导入

飞机厨房电器设备的总电源控制在驾驶舱，如果在飞行过程中，出现电量不足时，厨房电源将自动切断。

一、厨房电源控制面板

前、后厨房内各有一块电源控制面板，上面安装有跳开关、厨房灯光、指示灯和拨动开关及空气冷却器 / 冷却控制灯等装置。厨房电源控制面板如图 3-2 所示。

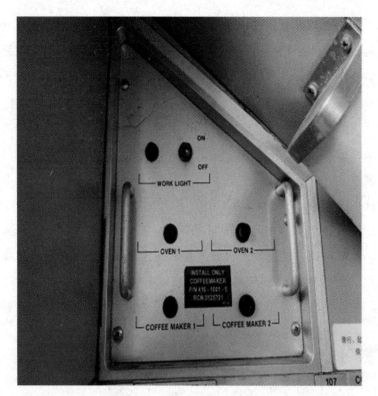

图 3-2　厨房电源控制面板

（一）跳开关

跳开关也称为断路保护器，是为了保证电路的安全，如果电路超负荷时，相应的黑色断路保护器开关会自动跳关。出现断路保护器跳关的现象，乘务员要及时报告乘务长并在客舱记录本上记录。

断路保护器发生断路后，经驾驶舱同意，冷却 3 min 后可压回按钮重置开关。注意断路保护器只允许重置一次，且一定不能一直按压断路保护器。当发生紧急情况需要切断厨房内电子设备的电源时，将黑色断路保护器向外拉出即可。

（二）厨房灯光

厨房灯光分为工作灯和厨房顶灯，控制开关位于厨房电源控制面板上。工作灯开关有明亮（BRT）、关闭（OFF）、较暗（DIM）三个位置。

（三）指示灯

相关设备在"ON"位，指示灯处于点亮状态；相关设备在"OFF"位，指示灯处于关闭状态。

（四）拨动开关

相关设备的开闭开关。打开关闭方式为拨动。

（五）空气冷却器／冷却控制灯

小推车和推车隔间有冷却组件用于降温保鲜，当空气冷却器处于"打开"状态，冷却控制灯处于点亮状态。

二、烤箱

前、后厨房内有多个烤箱，用于加热食物，上面安装有烤箱控制单元，可以选定烤制时间和温度。烤箱如图 3-3 所示。

图 3-3　烤箱

（一）烤箱控制单元的操作方法

烤箱控制单元如图 3-4 所示。

（1）按下"ON/OFF"键显示屏打开，显示开始的信息，几秒钟后显示待命"STANDBY"。

（2）按下"PROGR"键，选择 PROGRAM LOW、MED 或 HIGH。

（3）按下"START/STOP"键运行选择的程序，设定的时间可以在选择程序过程中，或在选择程序后按下"TIME+""TIME-"按钮来改变。程序结束时会发出 5 次"嘟嘟"声，显示准备"READY"。

读书笔记

读书笔记

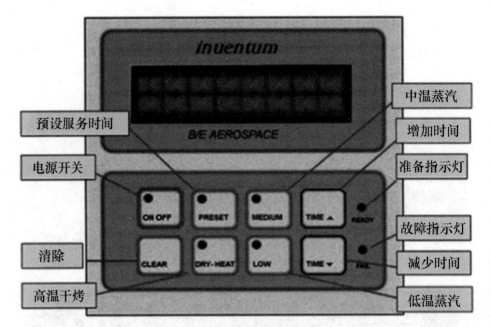

图 3-4　烤箱控制单元

（二）注意事项

（1）加温前确保烤箱内无任何纸、布、塑料类制品。

（2）烘烤前，要将干冰取出。

（3）在起飞和下降时应当切断烤箱电源。

（4）烤箱只用于加热食物，严禁空烤。

三、烧水器

烧水器（WATER BOILER）用于厨房水的加热，受气压影响，水的沸腾温度为 87 ℃。热水阀的水开关为红色手柄，水龙头出水口有过滤网。烧水器如图 3-5 所示。

图 3-5　烧水器

四、烧水杯

烧水杯的用途是烧煮饮用水，使用时注意只有在水杯内有水的情况下才能接通电源，起飞和下降时，应当切断电源并将烧水杯进行固定，如图 3-6 所示。

图 3-6　烧水杯

五、煮咖啡器

煮咖啡器可以用于冲泡咖啡或烧煮开水，起飞和下降时，应当关闭电源，倒空盛水壶内的水并将盛水壶进行固定。煮咖啡器如图 3-7 所示。

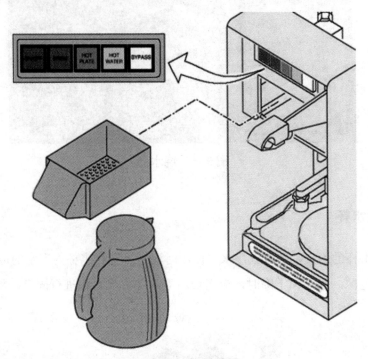

图 3-7　煮咖啡器

六、保温箱

前舱厨房内设有保温箱，主要用于加温毛巾、瓷杯、瓷餐具等。注意不可以利用保温箱存放食物，避免保温箱内充满异味。

七、冷藏箱

冷藏箱位于后舱厨房，用于冷藏食品和饮料。冷藏箱不具备制冷功效，由于具有较强的隔热作用，可以短时间存放冰块。严禁在冷藏箱内存放各种生物化学类制剂，在起飞和下降过程中，需要将冷藏箱锁闭。

知识检测

厨房电器设备的认知与使用		
一、职业化形象检查（20分）		
模块	检查内容	评分标准
证件（5分）	课程所需材料齐全	_____分
着装（5分）	符合着装标准	_____分
发型及妆容（5分）	发型及妆容符合要求	_____分
手部及指甲（5分）	手部及指甲干净无异物	_____分
小计	_____分	
二、专业知识（10分）		
模块	考核内容及评分标准（每空2分）	
厨房电器设备认知（10分）	（1）跳开关也称为_____，是为了保证电路的安全，如果电路超负荷时，相应的_____开关会自动跳关。出现断路保护器跳关的现象，乘务员要及时报告乘务长并在客舱记录本上记录。 （2）断路保护器发生断路后，经驾驶舱同意，冷却_____分钟后可压回按钮重置开关。注意断路保护器只允许重置一次，且一定不能一直按压断路保护器。当发生紧急情况需要切断厨房内电子设备的电源时，将黑色断路保护器向外拉出即可。 （3）厨房灯光分为工作灯和厨房顶灯，控制开关位于厨房电源控制面板上。工作灯开关有_____（BRT）、关闭（OFF）、_____（DIM）三个位置。	
小计	_____分	
三、技能训练（30分）		
模块	认知过程	
厨房用电设备的使用操作（15分）	（1）厨房电源控制面板认知：_____ （2）烤箱的规范操作：_____ （3）咖啡壶的正确操作：_____	

续表

航前检查厨房用电设备（15分）	（1）烤箱外观无破损；锁扣开关完好；计算机（机械）操作面板通电后，温控、时控能正常操作，烤箱工作正常；无故障记录。 （2）烤箱架外观无破损、无变形；烤盘无破损变形，数量齐全，尺寸相符。 （3）烧水器外观无破损；锁扣开关完好；面板显示准确；通电后，电源指示灯亮，无水指示灯不亮；出水量大，水柱流畅，无喷溅；无故障记录。 （4）厨房灯光能正常开启，不闪烁，明暗能调节。
小计	_____分

四、专业化态度（30分）				
模块	工作完成情况			
	优秀（5分）	良好（3分）	及格（2分）	需要提升（1分）
微笑服务（5分）				
热情有礼，敬语使用自如（5分）				
服务动作规范（5分）				
承认错误，主动道歉（5分）				
协作服务（5分）				
工作作风（5分）				
小计	_____分			

五、课后整理（10分）				
整理标准	（1）学习及实习场地卫生整洁，无废弃物，设备及桌椅整齐归位。 （2）厨房台面、水池保持干净无堵塞。 （3）烤箱内外干净，无油渍、无积水和异味。 （4）烧水杯无剩水，无污渍。			
卫生整理评价（10分）	优秀（10分）	良好（8分）	及格（6分）	需要提升（4分）
小计	_____分			

续表

六、教员总评
总分：　　　　　　　　　　　　　　　　教师签字： 时　　间：

知识拓展

飞机上的餐食分类

一、按照舱别分类

按照舱别可分为头等舱、商务舱和经济舱餐食。

二、按照餐食的种类分类

根据各国不同的航线要求，可分为西餐、中餐，或者马来西亚菜、日本菜、韩国菜等，或者可分为糕点类、水果类、冷荤类、正餐类、饮料类。

三、按照餐食的特点分类

按照餐食的特点可分为坚果类、麸谷类、低盐类、减肥类。

四、一般分类

一般而言，可将飞机上的餐食分为普通餐和特别餐。普通餐根据不同国家的特点，可分为日餐、西餐、马来西亚餐、越南餐、泰国餐等；其没有什么特别的要求，绝大部分乘客都能接受特别餐，主要针对小孩及吃部分东西过敏等有特别需求的人来配餐，主要为儿童餐、海鲜餐、穆斯林餐、糖尿病餐、低碳水化合物餐等。

读书笔记

单元三 厨房常用设备的认知与使用

新知导入

厨房常用设备包括餐车、储物箱、水龙头、污水槽及厨房水开关阀门。

一、餐车

餐车是飞机上用于存放各类食品、饮料、服务用具用品的可移动装置，位于厨房固定位置，且有保护锁扣固定。餐车的制动系统由位于餐车底部的红色和绿色脚踏板控制，红色踏板为制动踏板，绿色踏板为解除制动踏板。餐车如图 3-8 所示。

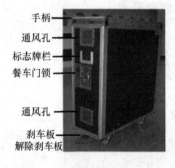

图 3-8　餐车

二、储物箱

储物箱是一个可移动装置，有一个带门的锁定外壳，门有锁扣开关，用于储存并运送飞机供品。储物箱如图 3-9 所示。

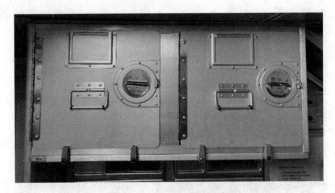

图 3-9 厨房储物箱

三、水龙头

水龙头是飞机水系统的开关装置，一般采用按压打开的方式操作按钮，按压水流流出，松开则水流切断。水龙头如图 3-10 所示。厨房用水由一个 40 加仑的水箱提供，水箱通常由飞机引气系统提供增压，引气压力失效时，专用的电动增压泵将提供备用增压。

读书笔记

图 3-10 水龙头

65

四、污水槽

污水槽用来排放厨房产生的污水，水槽有两层过滤网，不可将咖啡残渣、茶叶、果汁、牛奶、奶油、剩余食物等物品倒入污水槽，以免污水排放堵塞。污水槽如图 3-11 所示。厨房水槽内的废水通过加温的排放管排出机外。

图 3-11　污水槽

五、厨房水开关阀门

每个厨房均装有厨房水开关阀门，当厨房水开关阀门处于断位（OFF）时，就停止向该区域设备供水。

 知识检测

厨房常用设备的认知与使用		
一、职业化形象检查（20分）		
模块	检查内容	评分标准
证件（5分）	课程所需材料齐全	＿＿＿＿分

续表

着装（5分）	符合着装标准	＿＿＿＿分
发型及妆容（5分）	发型及妆容符合要求	＿＿＿＿分
手部及指甲（5分）	手部及指甲干净无异物	＿＿＿＿分
小计		＿＿＿＿分
二、专业知识（10分）		
模块	考核内容及评分标准（每空2分）	
厨房常用设备认知 （10分）	（1）厨房常用设备包括＿＿＿＿＿＿、＿＿＿＿＿＿、水龙头、污水槽及＿＿＿＿＿＿。 （2）餐车是飞机上用于存放各类食品、饮料、服务用具用品的可移动装置，位于厨房固定位置，且有保护锁扣固定。餐车的制动系统由位于餐车底部的＿＿＿＿＿＿和绿色脚踏板控制，红色踏板为＿＿＿＿＿＿，绿色踏板为解除制动踏板	
小计	＿＿＿＿＿＿分	
三、技能训练（30分）		
模块	认知过程	
厨房常用设备的使用操作 （15分）	（1）餐车的规范操作：＿＿＿＿＿＿＿＿＿＿＿＿＿＿ （2）厨房其他常用设备的规范操作：＿＿＿＿＿＿＿	
航前检查厨房 常用设备（15分）	（1）机载备份箱外观无破损；锁扣完好能正常关启。 （2）餐车车体无破损；餐车门能正常关启；锁扣、轮子及刹车完好；推动自如。 （3）餐具、器皿洁净无破损；航徽无脱落。 （4）冰桶外观无破损；锁扣开关完好；内胆齐全无变形。 （5）各类用具（咖啡壶、小冰桶、开瓶器等）外观无破损变形；使用正常。 （6）各类餐布、垫布（餐巾布、桌布、托盘垫纸、车布）清洁无破损；熨烫平整；有公司标志。	
小计	＿＿＿＿＿＿＿分	

续表

四、专业化态度（30分）				
模块	工作完成情况			
	优秀（5分）	良好（3分）	及格（2分）	需要提升（1分）
微笑服务（5分）				
热情有礼，敬语使用自如（5分）				
服务动作规范（5分）				
承认错误，主动道歉（5分）				
协作服务（5分）				
工作作风（5分）				
小计	＿＿＿＿＿＿分			
五、课后整理（10分）				
整理标准	（1）学习及实习场地卫生整洁，无废弃物，设备及桌椅整齐归位。 （2）厨房内壁板、服务台、地面、储物柜内外干净无积灰、无污迹、无油渍。 （3）水池内无污物、无堵塞物；下水道畅通完好。 （4）烤箱内外干净，无油渍、无积水和异味。 （5）冰箱内外干净，无杂物、无积水和异味。 （6）垃圾箱（车）干净，无异味；清除垃圾时不得将垃圾袋在客舱内拖行，以防渗漏污染地毯；出港前套好垃圾袋，根据航线配齐备份垃圾袋，并放置于指定位置；上客前将废弃的垃圾袋撤下飞机。			
卫生整理评价（10分）	优秀（10分）	良好（8分）	及格（6分）	需要提升（4分）
小计	＿＿＿＿＿＿分			

六、教员总评
总分：　　　　　　　　　　　　　　　　　　教师签字： 　　　　　　　　　　　　　　　　　　　　　时　　间：

📖 **知识拓展**

飞机上的特殊餐食

1. 宗教餐

（1）印度餐（HNML）：尊重印度的饮食习惯及宗教信仰，使用羊肉、家禽、鱼、奶制品、辣味食物及咖喱。

（2）犹太餐（KSML）：根据犹太教律法及饮食习惯选择肉源、烹制并服务；配备上机的食材来源经过专业认证。

（3）穆斯林餐（MOML）：具有穆斯林餐食生产资质认证，根据穆斯林的宗教律法和饮食习惯制作的餐食。

（4）耆那教素食餐（VJML）：为耆那教教徒的旅客提供的餐食。除不使用肉、鱼、蛋、乳制品等动物源性食品外，也不使用根菜的餐食。

2. 素食餐

（1）印度素食餐（AVML）：印度风味的非严格素食，口味通常辛辣，可能含有少量乳制品。无肉类、海鲜及鸡蛋类食材。

（2）生素食餐（RVML）：配备生水果或混合生蔬菜的餐食，蔬果种类根据供应及季节而定。

（3）绝对素食餐（VGML）：绝对严格的素食；不含肉类、海鲜、蛋类及乳制品食材制作的餐食。含生姜、大蒜、洋葱、葱。

（4）乳蛋素食餐（VLML）：不含肉类、海鲜及凝乳酶的素芝士，但使用蛋和乳制品食材制作的餐食。

读书笔记

（5）东方素食餐（VOML）：东方风味的素食，不含肉类、海鲜、蛋类、乳制品及生姜、大蒜、洋葱、葱等食材制作的餐食。

3. 健康餐

（1）清淡餐食（BLML）：适用患有肠胃病的旅客；采用文火加热，干烧或炖煮的烹调方法。

（2）低糖餐（DBML）：此餐食低糖、低脂，可使用如瘦肉、低脂牛奶、去皮家禽、鱼和海鲜产品、蔬菜、水果、全麦面包及其他谷物类食材。

（3）禁谷蛋白餐（GFML）：为谷蛋白不耐受的旅客提供的餐食，不使用含有谷蛋白的谷物。

温馨提示：我们尽量防止谷蛋白混入，但无法断言在制作过程中完全没有混入。

（4）低卡餐（LCML）：限制脂肪、调味料、肉汁与油炸食材的含量；限制含糖食材。

（5）低盐餐（LSML）：无天然盐味、添加钠的加工食品（如发粉、苏打、味精）；在制作过程中不加盐。

（6）低脂餐（LFML）：无动物脂肪，但允许多元非饱和脂肪酸；少脂肪、酱、肉汁炸食；无牛油、奶油、全脂乳酪；限用瘦肉。

（7）低乳糖餐（NLML）：低乳、低奶、忌乳糖；选用肉类、家禽、新鲜蔬菜及不含乳糖成分的水果与饮料等。

（8）特殊餐（SPML）：根据医疗需求供应，需提供该餐食包含的具体成分。

4. 儿童餐

（1）婴儿餐（BBML）：适用两周岁以下的儿童，如水果泥、蔬菜泥、肉泥、甜点等。

（2）儿童餐（CHML）：适用 2～5 岁的儿童，选用柔软易咀嚼、易分辨、健康的食材。

5. 其他餐

（1）水果餐（FPML）：配备新鲜水果的餐食，水果种类根据供应及季节而定。

（2）海鲜餐（SFML）：为想食用海鲜的旅客提供的餐食，配备鱼或其他海鲜。

复习与思考

1. 什么是烤箱预设时间？使用烤箱应注意什么？

2. 厨房配电板保险装置的作用是什么？如何使用厨房配电板？

3. 为什么厨房积水槽内禁止倒入牛奶、果汁等液体？

4. 使用烧水杯的注意事项有哪些？

模块四
卫生间设备

1. 掌握 B737/A320 机型的卫生间布局；
2. 掌握卫生间门、常用设备的操作方法。

1. 具有能够按照民航服务岗位资格标准进行客舱服务的能力；
2. 具有能够按照民航服务岗位资格标准操作卫生间设备的能力。

1. 具有环保意识、信息素养、工匠精神、创新思维；
2. 热爱民航事业，践行"忠诚担当的政治品格，严谨科学的专业精神，团结协作的工作作风，敬业奉献的职业操守"的当代民航精神；
3. 具有较强的安全意识和良好的服务意识。

单元一 卫生间的布局认知

📖 新知导入

卫生间也称为盥洗室。波音 737-800 飞机与空客 A320 飞机的卫生间布局基本一致，前、后共设有 3 个卫生间。1 个位于前舱 L1 门左侧，可供头等舱旅客和机组人员使用；另外 2 个位于后舱，分别位于 L2 门、R2 门侧后部，可供经济舱旅客使用，其中 1 个安装有可供料理婴儿使用的护理板及残疾人使用的设施，如图 4-1 所示。卫生间内均设有通风设备，废气通过排气孔排出机外。

卫生间内按区域存放着马桶垫纸、手纸、擦手纸、洗手液、护手霜等卫生用品。

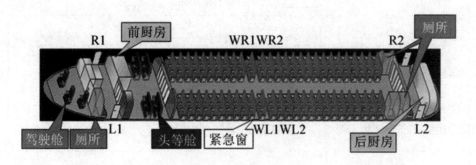

图 4-1 卫生间布局

📖 知识检测

卫生间的布局认知		
一、职业化形象检查（20 分）		
模块	检查内容	评分标准
证件（5 分）	课程所需材料齐全	_____ 分
着装（5 分）	符合着装标准	_____ 分
发型及妆容（5 分）	发型及妆容符合要求	_____ 分

续表

手部及指甲（5分）	手部及指甲干净无异物	_____分
小计		_____分

二、专业知识（10分）		
模块	考核内容及评分标准（每空2分）	
卫生间的 布局认知（10分）	（1）卫生间也称为 _____。波音737-800飞机与空客A320飞机的卫生间布局基本一致，前、后共设有 _____ 个卫生间。1个位于前舱L1门左侧，可供 _____ 使用；另外2个位于后舱，分别位于L2门、R2门侧后部，可供经济舱旅客使用，其中1个安装有可供婴儿使用的 _____。 （2）卫生间内按区域存放着马桶垫纸、手纸、擦手纸、 _____、护手霜等卫生用品。	
小计	_____分	

三、技能训练（30分）		
模块	认知过程	
卫生间的布局（30分）	卫生间布局的认知：_____	
小计	_____分	

四、专业化态度（30分）			
模块	工作完成情况		
	优秀（5分）	良好（3分）	及格（2分）	需要提升（1分）
微笑服务（5分）				
热情有礼， 敬语使用自如（5分）				
服务动作规范（5分）				
承认错误，主动道歉 （5分）				
协作服务（5分）				
工作作风（5分）				
小计	_____分			

续表

五、课后整理（10分）			
整理标准	（1）学习及实习场地卫生整洁，无废弃物，设备及桌椅整齐归位。 （2）客舱地毯干净、无污物。 （3）安全带整洁并交叉摆放。 （4）卫生清扫后，收起座椅靠背，椅袋内清洁袋须更换，整理好民航杂志和安全须知。 （5）洗手间内壁板、镜子、水池、马桶内外、地面必须干净、光亮、无异味、无积水、下水道通畅、马桶换水疏通，使用循环水马桶化粪剂。 （6）厨房台面、水池保持干净无堵塞。 （7）垃圾箱（车）清洁并更换垃圾袋。 （8）毛毯、枕头、头片整洁。			
卫生整理评价（10分）	优秀（10分）	良好（8分）	及格（6分）	需要提升（4分）
小计	_____分			
六、教员总评			

总分：

教师签字：

时   间：

知识拓展

飞机起飞和降落时为什么不能使用卫生间

因为飞机起飞和降落时没有达到飞行高度，会遇到气流的影响导致飞机发生颠簸，这时乘客如果在飞机上走动，难免会发生碰撞，使乘客的身体受到伤害。

如果飞机进入平流层，飞机飞行状态将十分的稳定，自然也不会影响乘客在飞机上走动，乘客上厕所也不会有多大问题。

单元二 卫生间常用设备的认知与使用

新知导入

卫生间的常用设备包括卫生间门、马桶、洗漱盆、热水器、供水关断阀门、垃圾箱、婴儿护理板等。

一、卫生间门

卫生间的门有单开门和折叠门两种类型。单开门向外打开；折叠门向内打开。门外部有门锁显示牌，当卫生间上锁时，显示牌显示红色"有人（OCCUPIED）"；当卫生间门未锁闭时，显示牌显示绿色"无人（VACANT）"。飞机停留地面时，卫生间顶灯与卫生间镜前灯处于常亮状态；飞机飞行中，卫生间的顶灯处于常开状态，灯光较为微弱，卫生间镜前灯不亮；当插上门闩后，卫生间镜前灯会自动亮起。在门锁显示牌上方有一个金属盖板，上面标记有"LAVATORY"字样，打开盖板，里面有控制门锁栓，供乘务员对门进行锁闭和打开控制。卫生间门如图4-2所示。

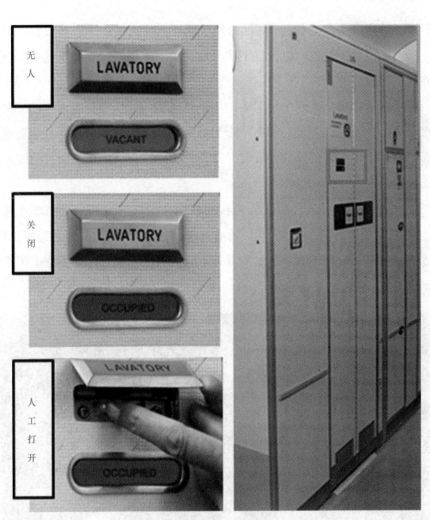

图 4-2 卫生间门

二、马桶

飞机卫生间马桶是高压抽吸式马桶，冲污前需要盖好马桶盖，按压"FLUSH"键。使用时禁止将毛巾、清洁袋等物品投入马桶内，容易堵塞马桶。马桶的污水通过专用管道存储到污水箱内，污水箱位于货舱夹层内，体积为 60 加仑，飞机落地后由地面污水车对接飞机的污水箱进行清理。马桶如图 4-3 所示。

飞行高度低于 4 800 m 时，排污系统利用真空泵收集废水，并储存于废水箱；飞行高度高于 4 800 m 时，排污系统利用客舱与外界的压差，使废水从马桶排放到废水箱。

按压冲水开关启动约持续 7 s 的冲洗循环。每次按压冲水开关后，启动 15 s 延迟以便系统复位，以预位下次循环。为节省用水，避免连续按压重复冲洗。

废水箱上部安装有两个传感器，两个传感器同时探测到废水箱已满时，抽水马桶的冲水功能失效。如有一个传感器故障，废水箱水量指示器会显示已满。在每个废水箱的排放处安装一个传感器，以提供后乘务面板的废水系统指示器数据，并显示废水箱水量。

废水箱的水量可通过后乘务面板的相应指示灯进行显示。如废水箱已满，"抽水马桶不工作"指示灯亮，所有抽水马桶冲水不工作。如传感器故障，"传感器清洁 / 检查"指示灯亮，表示系统需要维修，此时排污系统可继续工作。

图 4-3　马桶

三、洗漱盆

卫生间洗漱盆可以提供冷水和热水。卫生间洗漱盆排出的废水通过排水管排出飞机。卫生间洗漱盆如图 4-4 所示。

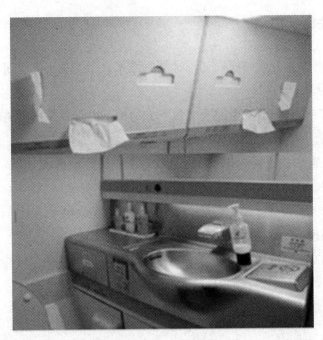

图 4-4　卫生间洗漱盆

四、热水器

热水器位于洗漱池下方柜子内，为旅客洗漱提供 50 ℃左右的恒温热水。热水器通过热水器开关（ON/OFF）控制，正常工作时热水器顶部的琥珀色指示灯亮起。热水器如图 4-5 所示。

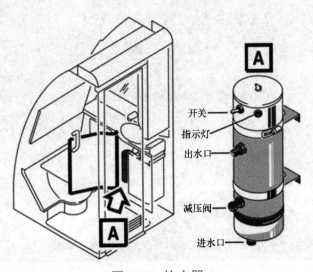

开关
指示灯
出水口

减压阀

进水口

图 4-5　热水器

五、供水关断阀门

当卫生间发生异常情况，如马桶堵塞溢水、水龙头不能关闭等情况时，可以使用供水关断阀门。

波音 737-800 每个卫生间洗漱盆下方的柜子内有一个供水关断阀门，供水关断阀门有以下四个选择位：

（1）正常工作位置（SUPPLY ON），具有供水、排水功能。

（2）关断位置（OFF），停止向卫生间供水。

（3）水龙头位置（FAUCET ONLY），向水龙头供水。

（4）马桶位置（TOILET ONLY），向马桶供水。

空客 A320 卫生间供水关断阀门位于垃圾箱柜门内下部，当洗手水系统出现漏水等故障时，通过控制手柄打开 / 关闭排水阀门（绿色为关位，蓝色为开位）控制供水。

六、垃圾箱

垃圾箱位于洗漱盆下方，水加热器的旁边。航前需要检查垃圾箱无异物，并确认垃圾箱盖板在打开后能够自动复位。起飞和下降时，要确保垃圾箱门的锁闭。垃圾箱如图 4-6 所示。

图 4-6　垃圾箱

七、婴儿护理板

婴儿护理板位于卫生间内，可供婴儿更换尿布时使用。平时处于收起状态并贴紧卫生间的墙壁。婴儿护理板在飞机起飞和下降过程中，必须确认处于固定并锁闭状态。婴儿护理板如图 4-7 所示。

图 4-7 婴儿护理板

知识检测

卫生间常用设备的认知与使用		
一、职业化形象检查（20 分）		
模块	检查模块	评分标准
证件（5 分）	课程所需材料是否齐全	_____ 分
着装（5 分）	符合着装标准	_____ 分
发型及妆容（5 分）	发型及妆容符合要求	_____ 分
手部及指甲（5 分）	手部及指甲干净无异物	_____ 分
小计		_____ 分
二、专业知识（10 分）		
模块	考核内容及评分标准（每空 2 分）	
	（1）卫生间的常用设备包括卫生间门、马桶、_____、热水器、_____、垃圾箱、婴儿护理板等。	

续表

卫生间常用设备认知	（2）卫生间的门有 _____ 和折叠门两种类型，单门向外打开，折叠门向内打开。门外部有门锁显示牌，当卫生间上锁时，显示牌显示红色"有人"（OCCUPIED），当卫生间门未锁闭时，显示牌显示绿色"_____"。飞机停留地面时，卫生间顶灯与卫生间镜前灯处于常亮状态；飞行中，卫生间的顶灯处于常开状态，灯光较为微弱，卫生间镜前灯不亮，当插上门闩后，卫生间镜前灯会自动亮起。在门锁显示牌上方有一个金属盖板，上面标记有"_____"字样，打开盖板，里面有控制门锁栓，供乘务员对门进行锁闭和打开控制。
小计	_____分

<table>
<tr><td colspan="2" align="center">三、技能训练（30分）</td></tr>
<tr><td align="center">模块</td><td align="center">认知过程</td></tr>
<tr><td>卫生间常用设备的使用操作（15分）</td><td>（1）卫生间门的规范操作：_____
（2）热水器的规范操作：_____
（3）供水关断阀门的规范操作：_____
（4）垃圾箱的规范操作：_____</td></tr>
<tr><td>航前检查卫生间常用设备（15分）</td><td>（1）洗手盆外观无破损；放水压塞开关自如；水龙头出水流畅，冷热调节自如。
（2）洗手液装置出液正常。
（3）废纸箱内胆无破损变形；盖板关闭正常。
（4）镜面无破损；影像正常。
（5）储物柜外观无破损；柜门开关正常，卷纸挡杆弹扣正常。
（6）马桶外观无破损；冲洗按钮正常工作。
（7）婴儿护理板外观无破损变形；锁扣完好；收放平整。
（8）呼唤按钮按压后显示红色且有正常提示音。
（9）洗手间灯光外罩无破损；灯管明亮无闪烁。
（10）通风口无阻塞；风量、方向调节自如。
（11）辅助手柄、挂衣钩外观无破损；无脱落。
（12）门插销外观无破损；锁扣完好。
（13）洗手间内显示面板显示准确。
（14）人工冲水开关无故障记录。
（15）洗手间水关断阀门无故障记录。
（16）污水系统无故障记录。</td></tr>
<tr><td align="center">小计</td><td align="center">_____分</td></tr>
</table>

续表

四、专业化态度（30分）				
模块	工作完成情况			
	优秀（5分）	良好（3分）	及格（2分）	需要提升（1分）
微笑服务（5分）				
热情有礼，敬语使用自如（5分）				
服务动作规范（5分）				
承认错误，主动道歉（5分）				
协作服务（5分）				
工作作风（5分）				
小计	_____分			
五、课后整理（10分）				
整理标准	（1）学习及实习场地卫生整洁，无废弃物，设备及桌椅整齐归位。 （2）洗手间内壁板、洗手盆台面、镜子、水池、马桶内外、地面必须干净、光亮；无异味、无积水；下水道畅通。 （3）每一航段结束后，马桶须换水畅通；使用循环水马桶必须放化粪剂。 （4）洗手间内废纸箱清除干净、无异味；出港前套好干净的塑料袋，回程塑料袋按规定数量放置于指定位置。 （5）卫生用品放置部位保持整洁。			
卫生整理评价（10分）	优秀（10分）	良好（8分）	及格（6分）	需要提升（4分）
小计	_____分			
六、教员总评				

总分：

教师签字：
时　　间：

知识拓展

飞机厕所的使用注意事项

（1）飞机上的厕所使用时间比较严格，在飞机起飞和降落阶段，乘客都需要在座位上佩戴好安全带，这时是禁止使用卫生间的。只有飞机在高空稳定飞行后，卫生间才允许使用。

（2）飞机上的厕所一般在飞机机舱的尾部，与火车上类似，允许使用厕所时会亮起绿灯，禁止使用和有其他人在使用时会亮起红灯。

（3）如果需要使用厕所，在高空飞行阶段，可以解开安全带，到厕所使用或等候。厕所门一般为平移式，握住把手往右侧拉即可打开，进入厕所后记得把门锁上，这样外面的人就会看到厕所处于被占用状态。厕所的卫生条件一般比较好，如厕后冲水、洗手即可。

（4）如果在使用厕所期间遇到飞机颠簸，无须紧张害怕，可在卫生间内握好扶手，等飞机平稳后再回到座位即可。

单元三　卫生间安全设备的认知与使用

新知导入

卫生间安全设备包括卫生间旅客服务组件、卫生间烟雾探测器、自动灭火装置等。

一、卫生间旅客服务组件

每个卫生间都安装旅客服务组件（Lavatory Service Unit，LSU）。马桶上方设有扬声器、通风灯、顶灯和氧气面罩。垃圾箱投入口上方设有乘务员呼叫开关、呼唤铃（Cabin Attendant Call）和返回座位（Return to Seat）信号牌。当按下乘务员呼叫按钮时，旅客呼叫信号灯及卫生间外壁板信号灯亮，同时发出单、高谐音。氧气面罩储藏箱内含有 1 个化学氧气发生器和 2 个氧气面罩，可供 2 人同时使用。卫生间旅客服务组件如图 4-8 所示。

图 4-8 卫生间旅客服务组件

二、卫生间烟雾探测器

卫生间顶上安装烟雾探测器，如图 4-9 所示。航行前检查时，乘务员需要检查烟雾探测器的状态，绿色指示灯恒亮，表示处于工作状态。当红色警报灯亮起，并发出"哗哗哗"的高频报警声时，表示探测到烟雾。当烟雾清除后，乘务员可用笔尖等尖锐物品按压烟雾探测器上的"复位键"，红色警报灯即可熄灭，报警声停止。

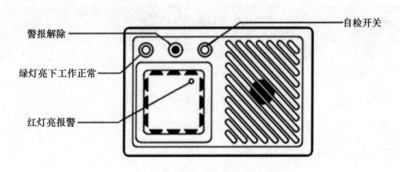

图 4-9 卫生间烟雾探测器

三、自动灭火装置

自动灭火装置位于洗漱盆的下方，通过两根管子直接与垃圾箱相连接，该灭火装置的使用只针对垃圾箱内的火灾。乘务员在航行前检查时，需要确

认垃圾箱上的温度指示牌，当温度指示牌上的 4 个圆点为灰白色时，表示该装置状态正常。若 4 个圆点中任何 1 个圆点变成黑色，则表示自动灭火装置已经被使用过。

当垃圾箱内部的温度达到 77 ℃～ 79 ℃时，自动灭火装置自行启动，向垃圾箱内喷射灭火剂，使用时间为 3 ～ 15 s，喷嘴尖端的颜色为白色。自动灭火装置如图 4-10 所示。

图 4-10　自动灭火装置

知识检测

卫生间安全设备的认知与使用		
一、职业化形象检查（20 分）		
模块	检查内容	评分标准
证件（5 分）	课程所需材料齐全	＿＿＿分
着装（5 分）	符合着装标准	＿＿＿分
发型及妆容（5 分）	发型及妆容符合要求	＿＿＿分
手部及指甲（5 分）	手部及指甲干净无异物	＿＿＿分
小计		＿＿＿分
二、专业知识（10 分）		
模块	考核内容及评分标准（每空 2 分）	
	（1）卫生间安全设备包括＿＿＿＿、＿＿＿＿、＿＿＿＿等。	

续表

卫生间安全 设备认知（10分）	（2）每个卫生间都安装有旅客服务组件（Lavatory Service Unit，LSU）。马桶上方设有扬声器、通风灯、顶灯和_____。垃圾箱投入口上方设有乘务员呼叫开关、_____（Cabin Attendant Call）和返回座位（Return to Seat）信号牌。当按下乘务员呼叫按钮时，旅客呼叫信号灯及卫生间外壁板信号灯亮，同时发出单、高谐音。氧气面罩储藏箱内含有1个化学氧气发生器和2个氧气面罩，可供2人同时使用。
小计	_____分

三、技能训练（30分）

模块	认知过程
卫生间安全设备的 使用操作（15分）	（1）卫生间安全设备的认知：_____ （2）自动灭火装置的检查：_____
航前检查卫生间 安全设备（15分）	（1）呼唤按钮按压后显示红色且有正常提示音。 （2）烟雾探测器无故障记录。 （3）自动灭火器无故障记录。 （4）洗手间内显示面板显示准确。
小计	_____分

四、专业化态度（30分）

模块	工作完成情况			
	优秀（5分）	良好（3分）	及格（2分）	需要提升（1分）
微笑服务（5分）				
热情有礼， 敬语使用自如（5分）				
服务动作规范（5分）				
承认错误，主动道歉 （5分）				
协作服务（5分）				
工作作风（5分）				
小计	_____分			

五、课后整理（10分）				
整理标准	（1）学习及实习场地卫生整洁，无废弃物，设备及桌椅整齐归位。 （2）洗手间内壁板、洗手盆台面、镜子、水池、马桶内外、地面必须干净、光亮；无异味、无积水；下水道畅通。 （3）每一航段结束后，马桶须换水畅通；使用循环水马桶必须放化粪剂。 （4）洗手间内废纸箱清除干净、无异味；出港前套好干净的塑料袋，回程塑料袋按规定数量放置于指定位置。 （5）卫生用品放置部位保持整洁。			
卫生整理评价（10分）	优秀（10分）	良好（8分）	及格（6分）	需要提升（4分）
小计	＿＿＿＿＿＿分			
六、教员总评				
总分： 教师签字： 时　间：				

知识拓展

飞机厕所里放置烟灰缸并不代表能吸烟

2018年7月10日，一架由香港飞往大连的航班在巡航时，因为机组人员吸烟，造成了中国民航史自川航航班备降以来又一件大事，只不过前者得到嘉奖，后者可能就没那么舒服了，而且当值机组还可能面临永久禁飞的惩罚。

我们从两个方面来说吸烟对航班有什么影响，以及对吸烟者有什么影响。事实上，普通乘客要想在飞机上吸烟并不是一件简单的事情，因为飞机在登机前的安检措施，有足够的信心能将乘客身上可以点火的器具全部检查出来并且丢弃。

但是凡事总有例外，总有人无意或有意地在一些特殊情况下（不包括机组绿色通道）将打火机或其他点火工具带上飞机。如果恰好有某位乘客带着这个打火机藏进厕所打算吸一支烟，就会被乘务员发现并且制止。而这时，飞机厕所里面烟灰缸的作用就充分显现了，它不是供旅客吸烟后处理烟头的，而是为了防止有旅客在飞机上吸烟，被制止后能有安全的地方熄灭烟头。

复习与思考

1. 卫生间洗手热水水温可以加热到多少摄氏度？
2. 卫生间内有哪些服务设施？请至少列举 3 种。
3. 卫生间内自动灭火装置安装在何处？
4. 卫生间烟雾探测器装置安装在何处？其作用是什么？
5. 有乘客被锁在卫生间内，乘务员将如何处置？

模块五

乘务员控制面板

1. 掌握波音 737-800 乘务员控制面板的功能和操作方法；
2. 掌握空客 A320 乘务员控制面板的功能和操作方法。

1. 具有能够按照民航服务岗位资格标准进行客舱服务的能力；
2. 具有能够按照民航服务岗位资格标准操作乘务员控制面板的能力。

1. 具有信息素养、工匠精神、创新思维；
2. 热爱民航事业，践行"忠诚担当的政治品格，严谨科学的专业精神，团结协作的工作作风，敬业奉献的职业操守"的当代民航精神；
3. 具有较强的安全意识和良好的服务意识。

单元一 波音 737-800 乘务员控制面板的认知与使用

📖 新知导入

波音 737-800 型飞机共有两块乘务员控制面板，分别位于客舱的前部 L1 门处和后部 L2 门处。乘务员通过面板上的调节按键对各阶段客舱环境进行调控。

一、波音 737-800 前舱乘务员控制面板（FAP）

前舱乘务员控制面板（FAP）位于前舱乘务员的座椅上方，面板上设有娱乐系统开关、地面电源开关、工作灯开关、前进口灯调节开关、客舱顶灯调节开关和客舱窗灯调节开关，如图 5-1 所示。

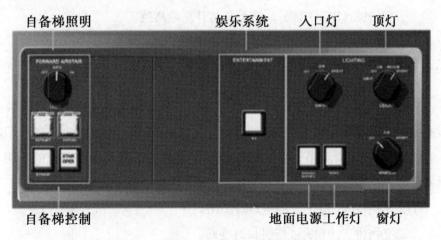

自备梯照明　　　　娱乐系统　　入口灯　　顶灯

自备梯控制　　　　　地面电源工作灯　窗灯

图 5-1　波音 737-800 前舱乘务员控制面板（FAP）

读书笔记

（1）娱乐系统开关（ENTERTAINMENT）。在航前检查时，乘务员需确认此开关处于打开状态。当处于关闭状态时，在播放录像或旅客使用耳机听音乐时将无法获取声音。

（2）地面电源（GROUND SERVICE）开关，供机务人员做地面检修时使用。因此，在航前检查时，乘务员需要确认此开关处于关闭状态。

（3）工作灯（WORK）开关，可以控制乘务员工作区的灯光。

（4）前进口灯（ENTRY）调节开关，可控制前舱登机门区域的照明。

共有以下 3 个调节挡位：

①关闭挡位（OFF）：前进口灯关闭。

②暗挡位（DIM）：前进口灯变暗。

③明亮挡位（BRIGHT）：前进口上方区域灯光为明亮，同时门槛灯亮。

（5）客舱顶灯（CEILING）调节开关，共有 5 个调节挡位：

①夜航挡位（NIGHT）：位于客舱顶部的小部分白炽灯被打开，此灯光为最低照明亮度。

②关闭挡位（OFF）：客舱顶灯完全关闭。

③暗亮挡位（DIM）：客舱顶部的所有白炽灯开至最低挡。

④中亮挡位（MEDIUM）：客舱顶部的所有白炽灯开至中挡。

⑤明亮挡位（BRIGHT）：客舱顶部的所有白炽灯开至最高挡。

（6）客舱窗灯（WINDOW）调节开关，共有 3 个调节挡位：

①关闭挡位（OFF）：客舱窗灯完全关闭。

②暗亮挡位（DIM）：客舱窗灯开至最低挡。

③明亮挡位（BRIGHT）：客舱窗灯开至最高挡。

二、波音 737-800 后舱乘务员控制面板（AAP）

后舱乘务员控制面板（AAP）位于后舱左侧乘务员的座椅上方，面板上设有水表、后进口灯调节开关、工作灯开关和应急照明开关，如图 5-2 所示。

（1）后进口灯调节开关（ENTRY），可控制后舱登机门区域的照明。共有以下 3 个调节挡位：

①关闭挡位（OFF）：后进口灯关闭。

②暗亮挡位（DIM）：后进口灯变暗。

③明亮挡位（BRIGHT）：后进口灯为明亮，同时门槛灯亮。

（2）工作灯开关（WORK），可以控制乘务员工作区的灯光。

（3）应急照明开关（EMERGENCY LIGHT），在紧急情况下照明，"ON"为打开应急灯，"OFF"为关闭应急灯。

①发生紧急情况时，一般由驾驶舱操作打开应急照明。但在所有电源失效时，可由后舱乘务员打开乘务员面板，按下带有透明塑料保护盖的应急照明按键。

②波音系列机型的应急照明可以提供不少于 15 min 的应急灯光。

（4）水表系统设有清水表和污水表及污水显示器。液晶显示上的"F"表示满，"E"表示空。航行前，乘务员需要对清水表和污水表进行检查，要求清水表处于"F"位，污水表处于"E"位。

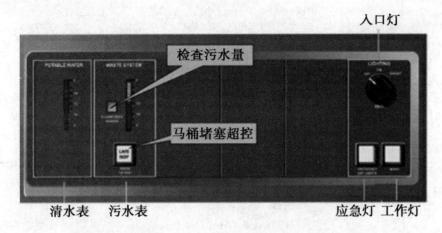

图 5-2　波音 737-800 后舱乘务员控制面板（AAP）

三、波音 737-800 乘务员显示面板

（1）AIP（Additional Indication Panel）为信息显示面板，安装在所有乘务员站位上，显示客舱广播、内话系统的拨号和呼叫等信息。

（2）ACP（Area Call Panel）为区域呼叫面板，安装在乘务员站位附近过道的天花板上，提供呼叫系统信息的远程视觉显示。

知识检测

波音 737-800 乘务员控制面板的认知与使用		
一、职业化形象检查（20 分）		
模块	检查内容	评分标准
证件（5 分）	课程所需材料齐全	_____ 分
着装（5 分）	符合着装标准	_____ 分

续表

发型及妆容（5分）	发型及妆容符合要求	_____分
手部及指甲（5分）	手部及指甲干净无异物	_____分
小计		_____分
二、专业知识（10分）		
模块	考核内容及评分标准（每空2分）	
波音737-800乘务员控制面板设备认知（10分）	（1）前舱乘务员控制面板（FAP）位于前舱乘务员的座椅上方，面板上设有娱乐系统开关、_____、工作灯开关、_____、客舱顶灯调节开关和_____。 （2）AIP（Additional Indication Panel）为_____，安装在所有乘务员站位上，显示客舱广播、内话系统的拨号和呼叫等信息。 （3）ACP（Area Call Panel）为_____，安装在乘务员站位附近过道的天花板上，提供呼叫系统信息的远程视觉显示。	
小计	_____分	
三、技能训练（30分）		
模块	认知过程	
波音737-800乘务员控制面板的使用操作（30分）	（1）熟练操作控制面板进行灯光控制：_____ （2）熟练操作面板进行功能控制：_____	
小计	_____分	
四、专业化态度（30分）		

模块	工作完成情况			
	优秀（5分）	良好（3分）	及格（2分）	需要提升（1分）
微笑服务（5分）				
热情有礼，敬语使用自如（5分）				
服务动作规范（5分）				

续表

承认错误，主动道歉（5分）				
协作服务（5分）				
工作作风（5分）				
小计	_____分			

五、课后整理（10分）

整理标准	（1）学习及实习场地卫生整洁，无废弃物，设备及桌椅整齐归位。 （2）客舱地毯干净、无污物。 （3）安全带整洁并交叉摆放。 （4）卫生清扫后，收起座椅靠背，椅袋内清洁袋须更换，整理好民航杂志和安全须知。 （5）洗手间内壁板、镜子、水池、马桶内外、地面必须干净、光亮、无异味、无积水。 （6）厨房台面、水池保持干净。 （7）垃圾箱（车）清洁并更换垃圾袋。 （8）毛毯、枕头、头片整洁。			
卫生整理评价（10分）	优秀（10分）	良好（8分）	及格（6分）	需要提升（4分）
小计	_____分			

六、教员总评

总分：

教师签字：
时　　间：

△△△

读书笔记

知识拓展

为什么飞机起降时要调暗客舱灯光

当飞机进入降落状态时，客舱乘务员都会提醒乘客，飞机即将到达××机场，客舱灯光将会调暗。那么为什么要调暗客舱灯光呢？

起飞和降落其实是整个航班中最危险的两部分。对航空界来说，一直都有"魔鬼十一分钟"的说法。所以，降落时调暗客舱灯光的第一个原因，就是为了保证飞机的能源供给，使发动机产生的能量主要用于提供飞机的动力。

起飞的三分钟和降落时的八分钟都是最危险的阶段，如果在这段时间发生意外事故，乘务员要迅速地引导乘客撤离。这时，如果人们从明亮的环境转到黑暗的环境，往往会出现目眩的情况，为了以防万一，在降落时会调暗客舱灯光，为的就是让乘客的眼睛提前适应黑暗的环境，这就是调暗客舱灯光的第二个原因。

单元二　空客 A320 乘务员控制面板的认知与使用

新知导入

空客 A320 型飞机主要的客舱控制和显示面板由前舱乘务员控制面板（FAP）和后舱乘务员控制面板（AAP）组成。前舱乘务员控制面板（FAP）位于乘务长位，后舱乘务员控制面板（AAP）位于 L2 门前侧壁板处。面板为触摸屏，设有不同作用的触摸键，乘务员可以根据各阶段客舱环境的需要进行调控。

一、空客 A320 前舱乘务员控制面板（FAP）

前舱乘务员控制面板（FAP）是客舱的主控制面板，位于前舱乘务员座椅上方，面板可分为触摸屏和辅助面板两个区域，如图 5-3 所示。

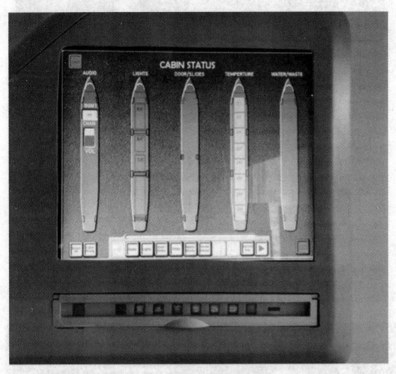

图 5-3 空客 A320 前舱乘务员控制面板（FAP）

读书笔记

（一）触摸屏

触摸屏用于显示信息、功能选择和客舱编程，由标题栏、显示区域、系统和功能键三个部分组成。标题栏用于显示每一选择页的标题；显示区域用于显示每一选择页；系统和功能键用于选择系统页。乘务员操作控制面板前需要输入密码，各航空公司设定了不同的编码。例如，数字 123456 或英文单词 ENTER。触摸屏绿色为工作状态，灰色为关闭状态。

1. 客舱状态页面（CABIN STATUS）

触摸屏右下角"CABIN STATUS"键为客舱状态页面，FAP 系统页面显示全部客舱系统，可通过系统和功能键选择，最多有 9 个不同的系统和功能键，前进箭头和后退箭头控制前后，如图 5-4 所示。

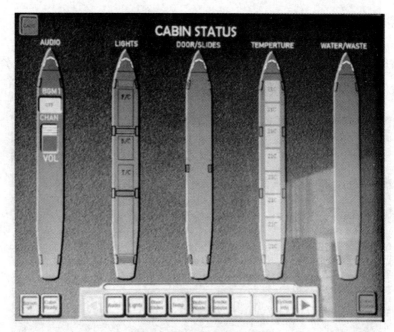

图 5-4　客舱状态页面

2.音频系统（AUDIO）

触摸屏下方"AUDIO"键为客舱音频系统，如图 5-5 所示。

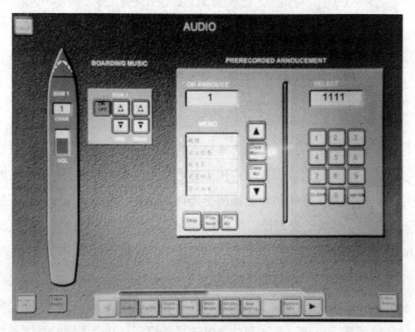

图 5-5　音频系统

（1）BOARDING MUSIC（登机音乐）。

①左侧飞机图形："CHAN"显示频道；"VOL"显示音量。

②中间方块图形：ON/OFF 为登机音乐开关，播放音乐，点击"ON/OFF"开关键变为绿色；播放完毕后，点击"ON/OFF"开关键变为灰色；"VOL"音量"+"增大音量、"–"减小音量；"CHAN"频道"+"上调、"–"下调。

（2）PRERECORDED ANNOUNCEMENT（预录广播）。

①"ON ANNOUNCE"表示正在广播，下方显示编号；"MEMO"表示记忆模块编号，下方显示编号。

②▲表示向上翻页。

③"Clear Memo"表示清除记忆编号，只清除所选择的模块编号；"Clear All"表示清除全部记忆模块编号。

④▼表示向下翻页。

⑤"Stop"键为停止播放控制键。

⑥"Play Next"键为播放下一个记忆模块键；"Play All"键为播放所有记忆模块键。

⑦"SELECT"为选择区，含有 0 ～ 9 的数字按键，"CLEAR"为清除数字号码键，"ENTER"为输入键，用于将模块编码输入记忆模块。

3. 灯光系统（Lights）

触摸屏下方"Lights"键为客舱灯光系统，如图 5-6 所示。

读书笔记

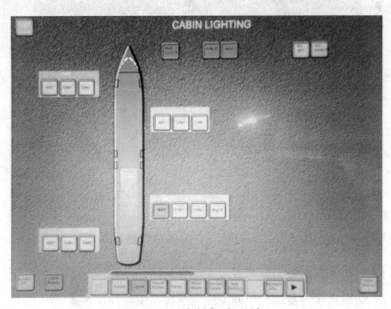

图 5-6　客舱灯光系统

（1）"Main On/Off"键为灯光系统总开关，可以同时控制通道灯、窗灯、进口灯及厕所灯的关闭与打开。

（2）"AISLE"键为客舱通道灯开关，控制客舱通道灯的开闭。

（3）"WDO"键为客舱窗灯开关，控制客舱窗灯的开闭。

（4）"R/L SET"键为阅读灯打开开关，控制阅读灯打开。

（5）"R/L RESET"键为阅读灯关闭开关，控制阅读灯关闭。

（6）"FWD"键为前进口灯开关，控制 L1 与 R1 门之间的顶灯（进口灯）：

① "BRT"为 100% 亮度。

② "DIM1"为 50% 亮度。

③ "DIM2"为 10% 亮度。

（7）"Y/C"键为客舱通道灯及窗灯开关。

（8）"AFT"键为后进口灯开关。

4. 客舱舱门、滑梯预位显示系统（DOORS/SLIDES）

触摸屏下方"DOORS/SLIDES"键为客舱舱门、滑梯预位显示系统，如图 5-7 所示。

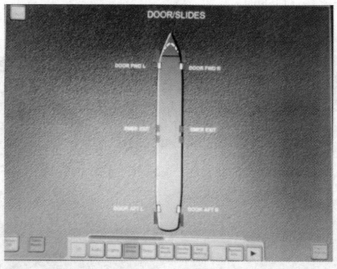

图 5-7　客舱舱门、滑梯预位显示系统

（1）红色表示客舱门在打开或未关好状态。

（2）黄色表示客舱门已正确关闭，滑梯在解除预位状态。

（3）绿色表示客舱门已正确关闭，滑梯在预位状态。

5.客舱温度控制系统（CABIN TEMPERATURE）

触摸屏下方"CABIN TEMPERATURE"键为客舱温度控制系统，如图 5-8
所示。

（1）"AREA SELECT"为区域选择。

①"FWD AREA"为前部区域选择键；

②"AFT AREA"为后部区域选择键。

（2）"23.0 ℃"为客舱实际温度，单位为摄氏度（℃）。

（3）"Reset"为重置至驾驶舱调节的温度（全部区域）。

（4）"SELECTED TEMPERATURE"为目标温度，点击"+"或"-"
提高或降低温度。

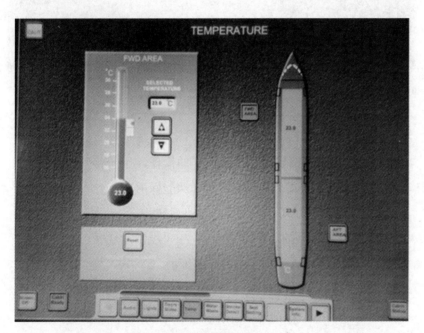

图 5-8　客舱温度控制系统

6.水和污水系统（WATER/WASTE）

触摸屏下方"WATER/WASTE"键为水和污水系统，如图 5-9 所示。

（1）"WATER QUANTITY"为清水量显示，显示清水储存量，显示方
法为百分比。

（2）"WASTE QUANTITY"为污水量显示，显示污水箱水量，显示方
法为百分比。

读书笔记

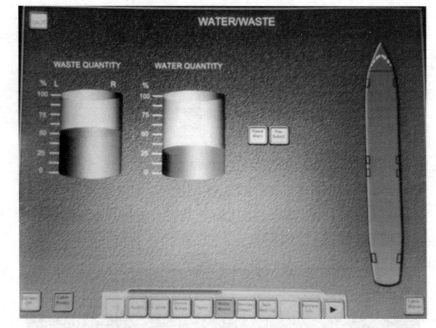

图 5-9　水和污水系统

（二）辅助面板

辅助面板上有一排按键独立于触摸屏的操作，用于特殊控制。另外，还设有耳机插孔和 USB 接口。辅助面板按键功能标示如下：

（1）"EMER"键，用于控制应急灯光系统。

（2）"LIGHTS MAIN ON/OFF"键，用于控制主灯光。

（3）"LAV MAIN"键，用于卫生间维护。

（4）"SCREEN 30 SEC.LOCK"键，触摸屏锁定 30 s 供清洁。

（5）"EVAC CMD"键为撤离指令，接通和关断撤离警告。

（6）"EVAC RESET"键为撤离重置，重置前舱的撤离警告声。

（7）"SMOKE RESET"键，重置卫生间烟雾。

二、空客 A320 后舱乘务员控制面板（AAP）

后乘务员控制面板（AAP）位于 L2 门，主要控制后进口灯、经济舱客舱灯、撤离信号声的重置、撤离信号的显示、卫生间烟雾警告的指示和重置，如图 5-10 所示。

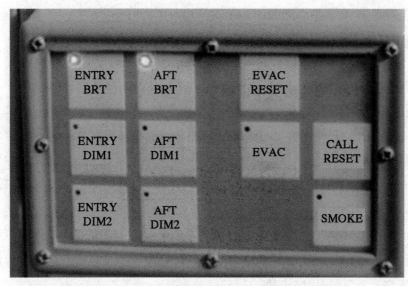

图 5-10　空客 A320 后舱乘务员控制面板（AAP）

1. 后进口灯（ENTRY）

"ENTRY BRT""ENTRY DIM1""ENTRY DIM2"控制三个后登机门区域的亮度，左上角为内藏指示灯，指示亮度等级，再次点击当前亮度等级键，即可关闭后进口灯。

（1）"BRT"键为 100% 亮度。

（2）"DIM1"键为 50% 亮度。

（3）"DIM2"键为 10% 亮度。

2. 经济舱客舱灯（CABIN）

"CABIN BRT""CABIN DIM1""CABIN DIM2"控制旅客区域的亮度，左上角为内藏指示灯，指示亮度等级，再次点击当前亮度等级键，即可关闭经济舱客舱灯。

（1）"BRT"键为 100% 亮度。

（2）"DIM1"键为 50% 亮度。

（3）"DIM2"键为 10% 亮度。

3. 撤离型号音的重置（EVAC RESET）

面板"EVAC RESET"键为撤离信号声的重置键。

4. 撤离信号的显示（EVAC）

面板"EVAC"键为撤离信号的显示。

5. 卫生间烟雾警告的指示和重置（SMOKE RESET）

面板"SMOKE RESET"键为卫生间烟雾警告的指示和重置键。

三、空客 A320 乘务员显示面板

（1）AIP（Additional Indication Panel）为信息显示面板，安装在所有乘务员站位上，显示客舱广播、内话系统的拨号和呼叫等信息。信息显示面板包括一个两行的字母显示和两个指示灯，上面一行显示通信信息（如内话呼叫），下面一行显示客舱系统和应急信息（如直接广播）。

两个指示灯（红色/绿色）有提醒的功能，并在显示信息时确保可以远距离识别。红灯用于显示系统和应急信息，绿灯用于显示通信信息。正常情况下为恒亮，紧急情况时会闪烁。

（2）ACP（Area Call Panel）为区域呼叫面板，安装在乘务员站位附近过道的天花板上，提供呼叫系统信息的远程视觉显示。每块面板都有四个可独立控制的指示区域，以及前后都可看到的彩色 LED。灯光可以持续（稳定）亮起，在紧急情况或非正常情况下呼叫灯会闪亮。

①客舱旅客（PAX）呼叫，蓝色灯光稳定亮起。

②卫生间旅客（PAX）呼叫，琥珀色灯光稳定亮起。

③LAV 呼叫（烟雾），琥珀色灯光稳定闪亮。

④应急（EMER）呼叫，红色/粉红色灯光闪亮。

⑤驾驶舱（ATTND）呼叫，全体通话红色/粉红色灯光稳定亮起。

⑥客舱（ATTND）呼叫，全体通话红色/粉红灯光稳定亮起。

📖 知识检测

空客 A320 乘务员控制面板的认知与使用		
一、职业化形象检查（20分）		
模块	检查模块	评分标准
证件（5分）	课程所需材料是否齐全	_____分
着装（5分）	符合着装标准	_____分

续表

发型及妆容（5分）	发型及妆容符合要求	_____分
手部及指甲（5分）	手部及指甲干净无异物	_____分
小计		_____分

二、专业知识（10分）	
模块	考核内容及评分标准（每空2分）
空客A320乘务员控制面板认知（10分）	（1）空客A320型飞机主要的客舱控制和显示面板由_____（FAP）和后舱乘务员控制面板（AAP）组成。前舱乘务员控制面板（FAP）位于乘务长位，后舱乘务员控制面板（AAP）位于L2门前侧壁板处。面板为触摸屏，设有不同作用的触摸键，乘务员可以根据各阶段客舱环境的需要进行调控。 （2）前舱乘务员控制面板（FAP）是客舱的主控制面板，位于前舱乘务员座椅上方，面板可分为_____和_____两个区域。 （3）AIP（Additional Indication Panel）为信息显示面板，安装在所有乘务员站位上，显示客舱广播、内话系统的拨号和呼叫等信息。信息显示面板包括一个两行的_____和两个_____。
小计	_____分

三、技能训练（30分）	
模块	认知过程
空客A320乘务员控制面板的使用操作（30分）	空客A320乘务员控制面板的规范操作：_____
小计	_____分

四、专业化态度（30分）			
模块	工作完成情况		
	优秀（5分）	良好（3分）	及格（2分）	需要提升（1分）
微笑服务（5分）				

续表

热情有礼， 敬语使用自如（5分）				
服务动作规范（5分）				
承认错误，主动道歉 （5分）				
协作服务（5分）				
工作作风（5分）				
小计	_____分			
五、课后整理（10分）				
整理标准	（1）学习及实习场地卫生整洁，无废弃物，设备及桌椅整齐归位。 （2）客舱地毯干净、无污物。 （3）安全带整洁并交叉摆放。 （4）卫生清扫后，收起座椅靠背，椅袋内清洁袋须更换，整理好民航杂志和安全须知。 （5）洗手间内壁板、镜子、水池、马桶内外、地面必须干净、光亮、无异味、无积水。 （6）厨房台面、水池保持干净。 （7）垃圾箱（车）清洁并更换垃圾袋。 （8）毛毯、枕头、头片整洁。			
卫生整理评价 （10分）	优秀（10分）	良好（8分）	及格（6分）	需要提升（4分）
小计	_____分			
六、教员总评				
总分：				
	教师签字： 时　间：			

知识拓展

客舱内部灯光系统

一、侧壁板灯

侧壁板灯是安装在侧窗上方横贯机舱前后的灯光照明系统，它提供客舱的大面积照明，是客舱内部的主光源。

二、阅读灯

阅读灯安装于每个乘客座位的上方，当客舱内灯光强度影响阅读时，乘客可以按压开关按钮，打开阅读灯，为阅读提供良好的照明度，并且阅读的角度是可以调整的，这就更加的人性化。

三、信号灯

当飞机开始推出，进行飞行操作准备时，机组人员会打开飞机客舱内部的信号指示灯，乘客可以清楚看到安全带系留的提示、禁止吸烟的提示和厕所是否有人的提示。禁止吸烟的提示在飞机上长期点亮，而安全带灯一般由机组控制，当飞机进入可能或已经颠簸的区域时，闪动安全带灯，同时伴有音响警告，提醒旅客系好安全带。

在飞机即将起飞或即将落地时，机组也会连续开关两次安全带灯，以提醒客舱做好起飞或落地准备。

四、夜航灯

夜航灯分散安装于行李包厢的上部。每架飞机配装 9 个左右。夜航灯有明亮、暗亮、夜航 3 个位置可供不同情况下选择使用。

将天花板灯旋钮旋到夜航位时，天花板灯关闭，夜航灯亮。当在夜间飞行时，乘务员可以根据客舱需要调节夜航灯亮度，达到调节客舱亮度的要求。

五、应急灯光

应急灯光可以在正常电源不可用时提供应急照明。包括区域灯、出口灯、滑梯灯、地板灯、应急圆顶灯等。应急灯的开关电门分别位于驾驶舱顶板上和客舱前服务面板。

当飞机失去主要电源时，应急灯会自动点亮，以便旅客能够在可见的情况下离开飞机。

读书笔记

复习与思考

1. 飞机客舱顶灯共有几个挡位？开餐、夜航飞行时应分别调节在哪个挡位？

2. 飞机客舱窗灯共有几个挡位？分别是什么？

3. 飞机水箱容量是多少加仑？清水表剩余多少量视为警戒线？

4. 污水表左侧"CLEAN CHECK"键的作用是什么？污水表下方"PRESS TO TEST"键的作用是什么？

模块六

机上娱乐设施

1. 了解内话系统和客舱广播与视频／音频系统；
2. 掌握内话系统和客舱广播与视频／音频系统的操作方法。

1. 具有能够按照民航服务岗位资格标准进行客舱服务的能力；
2. 具有能够按照民航服务岗位资格标准操作内话系统与客舱广播的能力；
3. 具有能够按照民航服务岗位资格标准操作视频／音频系统的能力。

1. 具有查阅资料和利用网络平台自学的素养；
2. 具有举一反三和拓展的创新思维；
3. 热爱民航事业，践行"忠诚担当的政治品格，严谨科学的专业精神，团结协作的工作作风，敬业奉献的职业操守"的当代民航精神。

单元一　内话系统与客舱广播的认知与使用

新知导入

　　广播器与内话机是合二为一的综合话机，具有广播、内话及报警等多种功能。客舱内共有两部手持内话机，分别位于前、后舱乘务员两座椅头枕之间，如图 6-1 所示，用于乘务员与驾驶舱的联系、不同舱位乘务员之间的联系，以及对客舱内旅客进行广播。

图 6-1　手持内话机

一、手持内话机的结构

　　手持内话机由听筒、键盘、话筒、送话器（PUSH TO TALK）四个部分组成。

二、内话系统的使用

　　客舱内话系统提供驾驶舱与客舱之间的内话通信。客舱设有两部按键式内话机，前、后登机门乘务员区域各安装一部。客舱内话系统可提供驾驶舱呼叫客舱、客舱呼叫驾驶舱、客舱呼叫客舱等呼叫。

从支架上取下话机，广播器背面有以下数字提示键：

（1）呼叫旅客按"PA"键。

（2）呼叫驾驶舱按数字键"2"，驾驶舱内蓝色指示灯亮并伴有高低谐音。

（3）呼叫乘务员按数字键"5"，另一舱位主呼叫面板上粉色灯亮并伴有高低谐音。

（4）紧急呼叫驾驶舱按数字键"222"。

通话结束后，按"RESET"键或将话机挂回支架，内话机均可复位。吊装式主呼叫灯面板分别位于前、后客舱顶部，如图 6-2 所示。

图 6-2 吊装式主呼叫灯面板

三、通信系统

（一）广播系统的使用

从支架上取下内话机，按压数字键"8"并长按"PUSH TO TALK"送话键开始广播。广播结束后松开送话键并按压最下方的"RESET"键复位并挂上内话机。

机上广播设有等级先后顺序。当发生突发情况需要进行广播时，其他娱乐系统将会立即被切断。驾驶舱广播优于乘务员广播，乘务员广播优于预录广播，预录广播优于机上录像，机上录像优于登机音乐。

（二）旅客呼叫系统

旅客按压其服务单元的"乘务员"呼叫按钮进行乘务员呼叫。按压服务单元的"乘务员"呼叫按钮时：

（1）呼叫按钮灯亮。

（2）相应的前或后乘务员区域蓝色旅客呼叫提示灯亮。

（3）相应乘务员区域谐音提示声响。

（4）再次按压该"乘务员"呼叫按钮，蓝色呼叫提示灯灭。

（三）洗手间呼叫系统

按压飞机洗手间舱壁洗漱池上方的"乘务员"呼叫按钮，即可在盥洗室呼叫乘务员。按压"乘务员"呼叫按钮时：

（1）相应的前或后洗手间门外壁的"呼叫/复位"提示灯亮。

（2）相应的前或后乘务员区域琥珀色盥洗室呼叫提示灯亮。

（3）相应乘务员站位谐音提示声响。

（4）再次按压盥洗室门外壁的"呼叫/复位"提示灯使其复位，同时琥珀色呼叫提示灯灭。

（四）旅客信息通告

（1）客舱内每个旅客服务单元均设有"禁止吸烟"和"系好安全带"标示灯，以保证每位旅客都能够清晰看到。

（2）每个洗手间内的"返回座位"标示灯灯亮时显示。

标示灯由驾驶舱人工或自动控制。如机长选择自动控制，系统的工作将受控于起落架系统。起落架放下时所有标示灯自动接通；起飞后起落架收起时，"禁止吸烟"标示灯灭；而"系好安全带"和"返回座位"标示灯在襟翼收起后自动熄灭。在着陆过程中，开始襟翼起始操作或起落架放下时，"系好安全带"和"返回座位"标示灯将自动接通；"禁止吸烟"标示灯在起落架放下时将自动接通。

标示灯的亮－灭循环将同时伴随有谐音提示。

知识检测

内话系统与客舱广播的认知与使用		
一、职业化形象检查（20分）		
模块	检查内容	评分标准
证件（5分）	课程所需材料齐全	_____分

续表

着装（5分）	符合着装标准	_____分
发型及妆容（5分）	发型及妆容符合要求	_____分
手部及指甲（5分）	手部及指甲干净无异物	_____分
小计		_____分

二、专业知识（10分）		
模块	考核内容及评分标准（每空2分）	
内话系统与 客舱广播认知（10分）	（1）广播器与内话机是合二为一的综合话机，具有_____、_____及_____等多种功能。客舱内共有两部手持内话机，分别位于前、后舱乘务员两座椅头枕之间。 （2）从支架上取下内话机，按压数字键"_____"并长按"PUSH TO TALK"送话键开始广播。广播结束松开送话键并按压最下方的"_____"键复位并挂上内话机。	
小计	_____分	

三、技能训练（30分）		
模块	认知过程	
内话系统与客舱 广播的使用操作（30分）	熟练规范操作内话系统与客舱广播	
小计	_____分	

四、专业化态度（30分）			
模块	工作完成情况		
	优秀（5分）	良好（3分）	及格（2分）　需要提升（1分）
微笑服务（5分）			
热情有礼， 敬语使用自如（5分）			
服务动作规范 （5分）			
承认错误，主动道歉 （5分）			
协作服务（5分）			
工作作风（5分）			
小计	_____分		

续表

	五、课后整理（10分）			
整理标准	（1）学习及实习场地卫生整洁，无废弃物，设备及桌椅整齐归位。 （2）客舱地毯干净、无污物。 （3）安全带整洁并交叉摆放。 （4）卫生清扫后，收起座椅靠背，椅袋内清洁袋须更换，整理好民航杂志和安全须知。 （5）洗手间内壁板、镜子、水池、马桶内外、地面必须干净、光亮、无异味、无积水。 （6）厨房台面、水池保持干净。 （7）垃圾箱（车）清洁并更换垃圾袋。 （8）毛毯、枕头、头片整洁。			
卫生整理评价 （10分）	优秀（10分）	良好（8分）	及格（6分）	需要提升（4分）
小计	_____分			
	六、教员总评			
总分：				

教师签字：
时　　间：

单元二　视频、音频系统的认知与使用

新知导入

旅客们可以通过观看视频中的 Air Show 来了解当时的飞行高度、飞行速度、飞经地标、外界温度、抵达时间，以及目的地的天气情况，播放《安全须知》录像和各种类型的影片。音频系统具备预录功能，可以把航班飞行中所需要的内容事先录制完成，再输入该系统，来代替人工广播。

一、视频系统

视频系统由 1 台录像机、1 台播放主机和多个收放式液晶显示屏组成。通常由乘务长负责操作。

（1）按压录像机上的"POWER"键和播放机上的"SYST PWR"键接通电源。

（2）录像机内插有 SD 卡，当电源接通后会在小屏幕上出现内存中各视频的目录，可以根据需要选择播放的内容。

（3）按"PA"键，表示稍后视频的声音将从客舱扬声器内发出。

（4）在播放机"ZONE1"页面上按"PREVIEW PRVW"键，可以在小屏幕上进行视频预览。

（5）按"EXEC"键，客舱内位于行李架下方的液晶显示屏将被全部放下。

（6）在小屏幕上确认视频后，按"ALL EXEC"键开始播放视频，并可以通过左侧"PA VOL"键进行音量调节。

（7）在飞机起飞和下降的过程中，需要确保视频系统关闭且液晶显示屏为收起状态。

二、音频播放器

音频面板位于前舱乘务员座椅的上方，用于播放登机音乐、欢迎词、紧急情况广播内容、下降广播、离机音乐等。

（1）播放音乐时，先按"MUSIC"键，当显示屏出现"M——"时，再

根据预录音乐的序号按相应的数字键，最后按"PLAY"键开始播放。

（2）播放广播内容时，先按"ANNO"键，当显示屏出现"A——"时，再根据预录广播的序号按相应的数字键，点击"PLAY"键开始播放。

（3）按"STOP"键将停止所有播放。

知识检测

视频／音频系统的认知与使用		
一、职业化形象检查（20分）		
模块	检查内容	评分标准
证件（5分）	课程所需材料齐全	_____分
着装（5分）	符合着装标准	_____分
发型及妆容（5分）	发型及妆容符合要求	_____分
手部及指甲（5分）	手部及指甲干净无异物	_____分
小计		_____分
二、专业知识（10分）		
模块	考核内容及评分标准（每空2分）	
视频／音频 系统认知（10分）	（1）旅客可以通过观看视频中的 Air Show 了解当时的飞行高度、_____、飞经地标、外界温度、_____，以及目的地的天气情况。播放《_____》录像和各种类型的影片。 （2）音频面板位于前舱乘务员座椅的上方，用于播放_____、欢迎词、紧急情况广播内容、下降广播、_____等。	
小计	_____分	
三、技能训练（30分）		
模块	认知过程	
视频／音频系统 使用操作（15分）	（1）视频／音频系统的规范操作：_____ （2）广播的熟练操作：_____	

航前检查视频／ 音频系统（15分）	（1）登机音乐系统磁盘清洁，运转自如；磁带门锁扣工作正常；音质清晰；声音流畅；音量调节正常。 （2）预录广播系统按序录制；声音清晰；音量适中；中英文齐全。 （3）娱乐音乐系统音质清晰；声音流畅；频道选择自如；左右频道平衡。 （4）视频显示器收放自如；图像色彩鲜明；无失真、不抖动；音量调节正常。 （5）视频播放系统通电后，各操作按钮有效；操作系统、设置系统正常；播放器磁头清洁；播放图像清晰，不抖动；放像、航线图、监控系统切换正常。 （6）内话、广播系统客舱广播声音清楚，无杂音；机组内化系统通话正常。
小计	_____分

四、专业化态度（30分）

模块	工作完成情况			
	优秀（5分）	良好（3分）	及格（2分）	需要提升（1分）
微笑服务（5分）				
热情有礼， 敬语使用自如（5分）				
服务动作规范 （5分）				
承认错误，主动道歉 （5分）				
协作服务（5分）				
工作作风（5分）				
小计	_____分			

续表

五、课后整理（10分）			
整理标准	（1）学习及实习场地卫生整洁，无废弃物，设备及桌椅整齐归位。 （2）客舱地毯干净、无污物。 （3）安全带整洁并交叉摆放。 （4）卫生清扫后，收起座椅靠背，椅袋内清洁袋须更换，整理好民航杂志和安全须知。 （5）洗手间内壁板、镜子、水池、马桶内外、地面必须干净、光亮、无异味、无积水。 （6）厨房台面、水池保持干净。 （7）垃圾箱（车）清洁并更换垃圾袋。 （8）毛毯、枕头、头片整洁。			
卫生整理评价（10分）	优秀（10分）	良好（8分）	及格（6分）	需要提升（4分）
小计	_____分			
六、教员总评			
总分： 　　　　　　　　　　　　　　　　　　　　　教师签字： 　　　　　　　　　　　　　　　　　　　　　时　　　间：			

知识拓展

空中娱乐系统

空中娱乐系统，是指飞机客舱内为旅客服务设置的以播放音乐、影视或旅客在座椅上自选节目为主的娱乐系统。并可扩展到可以收听或收视卫星直播节目、连接因特网、网上订票、采购等。

目前，空中娱乐系统已从头顶共用系统发展成为旅客个性化的座椅自选系统，并进一步向信息化方向推进。与此同时，客舱信息系统通过空中电话、电子邮件、传真等手段与地面进行信息交换，使客舱不再是一个信息封闭空间，而成为信息开放的像地面办公室或家中一样的空中办公室和空中娱乐室。

复习与思考

1. 请写出 B737-800 型飞机内话机的功能。

2. 请写出 B737-800 型飞机内话机 "2" "5" "8" "RESET" 键的作用。

3. 使用内话机前应注意什么问题？

4. 机上内话系统的优先等级是什么？

5. 控制面板音频系统由几部分组成？分别是什么？

6. 登机音乐的作用是什么？如何调节音量的大小？

7. 什么叫作预录广播？其作用是什么？

8. 打开登机音乐后，乘客可以通过耳机听到声音吗？

模块七

舱门

1. 了解波音 737-800 和空客 A320 飞机客舱舱门的整体结构;

2. 掌握波音 737-800 和空客 A320 飞机客舱舱门的开启与关闭操作方法;

3. 掌握波音 737-800 和空客 A320 飞机客舱舱门滑梯的预位与解除预位操作方法。

1. 具有能够按照民航服务岗位资格标准进行客舱服务的能力;

2. 具有能够按照民航服务岗位资格标准操作舱门的能力。

1. 具有质量意识、信息素养、工匠精神、创新思维;

2. 热爱民航事业,践行"忠诚担当的政治品格,严谨科学的专业精神,团结协作的工作作风,敬业奉献的职业操守"的当代民航精神;

3. 具有较强的安全意识和良好的服务意识。

单元一　波音 737-800 舱门的认知与使用

新知导入

波音 737-800 飞机客舱共有四个操作方式相同的舱门，又称为地板高度出口，用于提供人员上、下飞机使用，同时，在紧急情况下也可作为应急出口。

通常在客舱的左侧设有两个舱门，分别用 L1、L2 表示；客舱的右侧设有两个舱门，分别用 R1、R2 表示。正常情况下，L1、L2 为旅客登机门，在旅客上、下飞机时使用，其中，L1 门为主要登机门；R1、R2 为服务门，在食品公司装卸机上供应品及清洁人员卸载垃圾时使用，如图 7-1 所示。

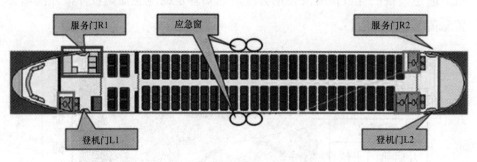

图 7-1　飞机舱门布置图

一、舱门结构

舱门均为内外打开式的压力门，该种类型的门使用两个铰链和四个滚动型锁闩来使门定位上锁，若门未锁好，驾驶舱会有灯亮显示。每个机门上都安装一个小型三层板玻璃，所有舱门的结构相同，如图 7-2 所示。

机门可以从内部和外部打开，门内侧手柄很容易旋转 180°，外侧手柄必须先拉出后再旋转。开门时，机械旋转任一手柄，可以降低机门顶部和底部的压力，将机门移动旋转约 45°，门便可推或拉到全开位，靠近机身，铰链上部的阵风锁必须被按下才能将机身锁定在开位；然后人工将门旋转 45°，在此位置，利用手柄将门关闭锁住，当手柄旋转到全关位时，压力门关，门被密封；由于客舱压力载荷，机门在正常飞行过程中无法打开。

舱门结构包括以下部件：

（1）观察窗：乘务员可以通过观察窗观察飞机的外部情况，以此来判断是否可以打开舱门。

①在正常情况下，当飞机落地并停稳后，乘务员可以通过观察窗了解外部的客梯车或廊桥是否与机门对接完成，地面工作人员是否给出了可以开舱门的指令或手势。

②在应急情况下，乘务员可以通过观察窗了解机外的安全情况，在无烟、无火、无障碍物（水上迫降时，水位线未超过机门）时方可打开舱门，组织旅客逃生。飞机上装有各种用于紧急撤离情况下使用的逃离设备，包括机门、充气滑梯、逃离绳及应急出口灯。在紧急情况下，乘务员的冷静、沉着及各负其责能有效减少旅客慌乱并直接关系到旅客的安全。只有熟练掌握机上应急设备的存放位置及使用方法，熟知特定的应急撤离程序，才能增强紧急情况下的自信心。

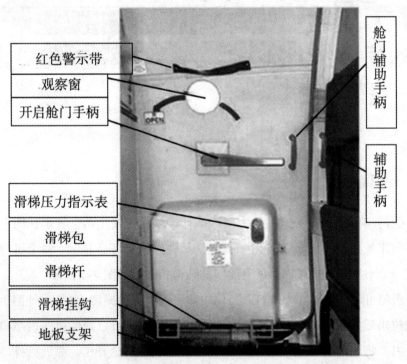

图 7-2　舱门结构

（2）红色警示带：在每个观察窗的上方均有一根红色警示带，起到提示舱门状态的作用。

①当红色警示带在观察窗上方处于平行位固定时，表示此时舱门处于解除预位的状态。此时打开舱门滑梯不会自动展开，如图 7-3 所示。

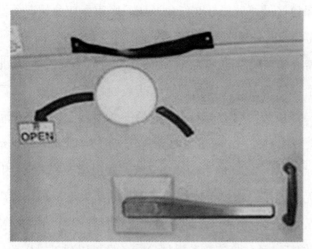

图 7-3　红色警示带平行位固定

②当红色警示带斜跨过观察窗固定时，从飞机外部看观察窗，能够很清晰地看到红色警示带。这是目视警告，提示此时滑梯已经与地板支架相连接，如果开启舱门，滑梯将会迅速自动展开，如图 7-4 所示。

警告：滑梯释放速度非常快，能将人从客梯或服务车中击倒。在非紧急状态下，从内部或外部不小心将滑梯处于预位状态的机门打开，会使之充气，伤害站在外面的人员。

读书笔记

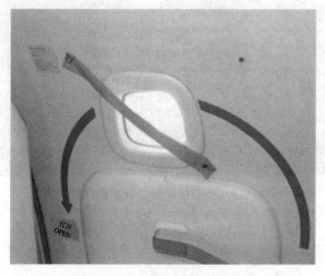

图 7-4　红色警示带斜跨位固定

读书笔记

（3）滑梯储藏箱：滑梯储藏箱位于舱门的下端，内部存有一个单通道的充气滑梯。在航前检查时，乘务员通过储藏箱上的观察窗检查滑梯的压力指针是否处于绿色区域。若指针在红色区域，则表示应急情况下滑梯可能无法正常充气，需要及时请机务人员进行处理。

紧急撤离滑梯在地面进行紧急脱离时使用，为充气式橡胶／尼龙制品。滑梯附有一个滑梯杆装置，正常情况下位于表面特定的沟槽中，飞机滑行前，乘务员将滑梯杆从槽中取出卡入地板上的支架中，保持整个航程。若门被打开，滑梯便会放出机外。滑梯释放时会充气，约5 s完成，若自动充气系统失效，可拉动标有"PULL"的手柄使之充气。若滑梯充气失败，其他滑梯或翼上紧急出口无法使用，滑梯可作软梯使用。四个人将滑梯作逃离绳使用，先下机，用手抓住撑起滑梯底部，使后面的旅客将其作为滑梯撤离使用。

（4）预位杆：预位杆连接着滑梯，乘务员可以通过操作预位杆的存放位置来调整舱门的状态。

①当舱门处于解除预位状态时，预位杆应当固定在舱门的挂钩上，如图7-5所示，并且要求将预位杆上的两个白色卡环固定在挂钩的外侧，防止因为预位杆的滑动而造成的安全隐患。

图7-5　处于解除锁定状态的预位杆

②当舱门处于预位状态时，预位杆应当在地板支架内固定，如图7-6所示，操作时务必确认预位杆两端已完全嵌入地板支架的卡槽内。

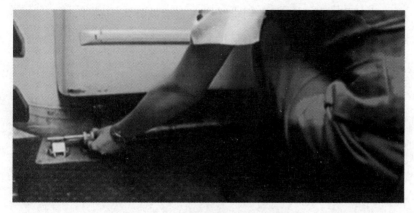

图 7-6　处于预位状态的预位杆

（5）阵风锁：每个舱门的门框处都设有阵风锁，在舱门打开后，阵风锁将起到固定舱门的作用，防止因外部风力过大而导致舱门受到意外损坏。

（6）舱门警示带：舱门警示带位于每个舱门门框的左侧。当舱门打开后发现廊桥或客梯车与舱门对接的位置需要进行调整时，应拉出舱门警示带（图 7-7），防止有旅客意外受伤，起到安全警示的作用。

图 7-7　舱门警示带

二、舱门操作方法

所有的舱门均可从客舱的外部和内部进行操作。在客舱内部操作时，必须落实双人制操作的原则，在进行任何操作前都要先观察。

1. 舱门内部开启

（1）确认滑梯杆在解除位置上（滑梯杆已从地板支架上取下并固定在挂钩上）。

（2）将红色警示带横置在观察窗上。

（3）确认舱门外无障碍物。

（4）将舱门控制手柄向 Open（开）方向旋转 180°。

（5）将舱门向机头方向推到全开位，直至被阵风锁锁住。

（6）如果没有衔接物，挂上阻拦绳。

2. 舱门内部关闭

（1）收回阻拦绳，确认舱门内、外无障碍物。

（2）按下阵风锁。

（3）握住舱门辅助手柄，将舱门拉回至舱内。

（4）将舱门控制手柄反方向旋转180°，将舱门关好。

（5）检查舱门密封状况，确认舱门没有夹杂物。

（6）按照口令操作滑梯至预位状态（滑梯杆挂在地板支架上）。

（7）警示带斜置在观察窗上。

3. 舱门外部开启

（1）确认舱门外无障碍物。

（2）确认观察窗处没有滑梯预位警示带。

（3）向外拉出外部控制手柄。

（4）将手柄向Open（开）的方向旋转180°。

（5）将舱门向机头方向拉到全开位，直至被阵风锁锁住。

（6）如果没有衔接物，挂上阻拦绳。

4. 舱门外部关闭

（1）收回阻拦绳。

（2）确认舱门内、外无障碍物。

（3）按下阵风锁。

（4）将舱门推回至舱内。

（5）将舱门外部控制手柄拉出，反方向旋转180°，关好舱门将手柄复位。

（6）检查舱门密封状况，确认舱门没有夹杂物。

三、滑梯的预位与解除预位

1. 滑梯的预位程序（表7-1）

（1）舱门关闭后由乘务长发布客舱乘务员就位指令。

（2）双人制由上至下操作（一人发布口令，另一人操作）。

（3）将红色警示带斜跨过观察窗并固定。

（4）将预位杆从舱门的挂钩上取下，连接到地板的支架内。

（5）换位检查后手势确认。

（6）向乘务长报告。

表 7-1　滑梯的预位程序

广播	口令
乘务长："客舱门已关闭，客舱乘务员就位。"	—
乘务长："滑梯预位，换位检查。"	1. 预位时："斜挎""连接""预位确认"
	2. 换位检查后：手势确认
各舱位汇报："×号门滑梯预位，换位检查完成。"	—

2. 滑梯的解除预位程序（表 7-2）

（1）飞机停稳后由乘务长发布客舱乘务员就位指令。

（2）双人制从下往上操作（一人发布口令，另一人操作）。

（3）将地板支架内的预位杆取出，连接到舱门挂钩上，确保两个白色固定卡环在挂钩的外侧。

（4）将红色警示带放至平行位固定。

（5）换位检查后手势确认。

（6）向乘务长报告。

读书笔记

表 7-2　滑梯的解除预位程序

广播	口令
乘务长："客舱乘务员就位。"	—
乘务长："解除滑梯预位，换位检查。"	1. 解除时："收回""平行""解除确认"
	2. 换位检查确认后：手势确认
各舱位汇报："×号门滑梯预位解除，换位检查完成。"	—

知识检测

B737-800 客舱舱门操作

一、职业化形象检查（20分）

模块	检查内容	评分标准
证件（5分）	课程所需材料齐全	_____分
着装（5分）	符合着装标准	_____分
发型及妆容（5分）	发型及妆容符合要求	_____分
手部及指甲（5分）	手部及指甲干净无异物	_____分
小计		_____分

二、专业知识（10分）

模块	考核内容及评分标准（每空1分）
开启舱门（5分）	（1）所有舱门均可从客舱 _____ 和 _____ 进行操作，必须落实 _____ 原则。 （2）操作滑梯至预位与解除预位时，要按照 _____ 进行，不能擅自操作。 （3）开启舱门时，必须确认滑梯杆处于 _____ 位置。
关闭舱门（5分）	（1）从舱外可以观察到红色警示带时，滑梯处于 _____ 状态，此时 _____ 打开舱门。 （2）关闭舱门时，必须确认舱门周围无 _____ 。 （3）阵风锁起 _____ 作用，防止因 _____ 导致舱门受到意外损坏。
小计	_____分

三、技能训练（30分）

模块	认知过程
开启舱门操作（15分）	1. 外部开舱门操作 （1）确认舱门外无障碍物。

续表

开启舱门操作 （15分）	（2）确认观察窗处没有滑梯预位警示带。 （3）向外拉出外部控制手柄。 （4）将手柄向 Open（开）的方向旋转 180°。 （5）将舱门向机头方向拉到全开位，直至被阵风锁锁住。 （6）如果没有衔接物，挂上阻拦绳。 　2. 内部开舱门操作 （1）确认滑梯杆在解除位置上（滑梯杆已从地板支架上取下并固定在挂钩上）。 （2）将红色警示带横置在观察窗上。 （3）确认舱门外无障碍物。 （4）将舱门控制手柄向 Open（开）方向旋转 180°。 （5）将舱门向机头方向推到全开位，直至被阵风锁锁住。 （6）如果没有衔接物，挂上阻拦绳。
关闭舱门操作 （15分）	1. 外部关闭舱门操作 （1）收回阻拦绳。 （2）确认舱门内、外无障碍物。 （3）按下阵风锁。 （4）将舱门推回至舱内。 （5）将舱门外部控制手柄拉出，反方向旋转 180°，关好舱门将手柄复位。 （6）检查舱门密封状况，确认舱门没有夹杂物。 　2. 内部关闭舱门操作 （1）收回阻拦绳，确认舱门内、外无障碍物。 （2）按下阵风锁。 （3）握住舱门辅助手柄，将舱门拉回至舱内。 （4）将舱门控制手柄反方向旋转 180°，将舱门关好。 （5）检查舱门密封状况，确认舱门没有夹杂物。 （6）按照口令操作滑梯至预位状态（滑梯杆挂在地板支架上）。 （7）警示带斜置在观察窗上。
小计	_____ 分

四、专业化态度（30分）				
模块	工作完成情况			
	优秀（5分）	良好（3分）	及格（2分）	需要提升（1分）
微笑服务（5分）				
热情有礼，敬语使用自如（5分）				
服务动作规范（5分）				
承认错误，主动道歉（5分）				
协作服务（5分）				
工作作风（5分）				
小计	_____分			

五、课后整理（10分）				
整理标准	（1）学习及实习场地卫生整洁，无废弃物，设备及桌椅整齐归位。 （2）客舱地毯干净、无污物。 （3）安全带整洁并交叉摆放。 （4）卫生清扫后，收起座椅靠背，椅袋内清洁袋须更换，整理好民航杂志和安全须知。 （5）洗手间内壁板、镜子、水池、马桶内外、地面必须干净、光亮、无异味、无积水。 （6）厨房台面、水池保持干净。 （7）垃圾箱（车）清洁并更换垃圾袋。 （8）毛毯、枕头、头片整洁。			
卫生整理评价（10分）	优秀（10分）	良好（8分）	及格（6分）	需要提升（4分）
小计	_____分			

续表

六、教员总评
总分：   教师签字：   时　　间：

📖 知识拓展

为什么总是从左侧登机

无论是通过廊桥还是远机位的登机梯，旅客总是从飞机左侧舱门登机，这是什么原因呢？

其实从左侧登机只是从航海界沿用下来的习惯而已，就像大多数国家汽车靠道路右侧行驶，也是沿用下来的习惯。

船的方向舵大多安装在船的右侧，船只如果右侧靠岸就会受到阻碍，所以都是左侧靠岸的，因此，航海界习惯将船的左侧叫作"Port Side"（左舷），右侧则叫作"Starboard Side"（右舷）。这个习惯保留到现在，甚至沿用到了民航界。如果仔细观察会发现，机场的廊桥都是设计在左侧的，当飞机停稳后，廊桥会缓缓从左侧接近飞机。

左侧舱门用于旅客登机，餐食车、行李等则从右侧舱门被送上飞机。其中，位于右侧的后方舱门是专门供航食车及服务车辆的进出口，行李舱舱门一般设计在右侧前部和后部下方。

另外，飞机加油口大多设置在右侧机翼下方，这样，旅客登机和送餐食车、装卸行李及加油分开在飞机的两边进行，可以做到互不干扰。

✎ △△△
读书笔记

当飞机上发生紧急情况时，飞机的舱门就不再按功能区分，所有舱门将同时打开作为逃生出口，充气滑梯也将全部放下。以一架波音777-300ER 为例，客舱共有 10 个舱门，平时经常开启的有 4 个，其余舱门则是为了在紧急情况下，保障舱内旅客以最快的速度疏散。

单元二　空中客车 A320 舱门的认知与使用

新知导入

空客 A320 飞机客舱内共有 4 个操作方式相同的"I"型舱门，且均设有应急撤离装置。

通常在客舱的左侧设有 2 个舱门，分别用 L1、L2 表示；客舱的右侧设有 2 个舱门，分别用 R1、R2 表示。正常情况下，L1、L2 为旅客登机门，在旅客上、下飞机时使用，其中 L1 门为主要登机门；R1、R2 为服务门，在食品公司装卸机上供应品及清洁人员卸载垃圾时使用（图 7-8）。

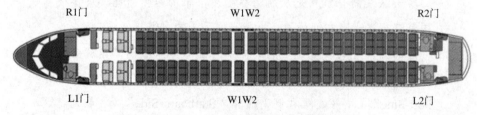

图 7-8　空客 320 舱门布置图

一、舱门结构

空客 A320 飞机客舱舱门结构如图 7-9 所示。

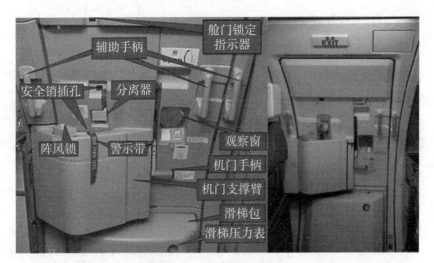

图 7-9 空客 A320 舱门

舱门结构包括以下部件：

1. 撤离滑梯

撤离滑梯包里装有充气滑梯，供紧急撤离时使用。

2. 预位系统

预位系统如图 7-10 所示。

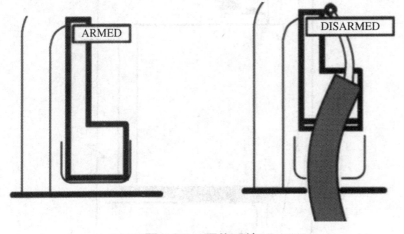

图 7-10 预位系统

预位系统包括以下构件：

（1）滑梯预位手柄罩。

（2）手柄位置指示牌，手柄端部为黄色。

（3）滑梯预位手柄用于滑梯的预位和解除预位。

① ARMED：滑梯预位，红色；

② DISARMED：滑梯解除预位，绿色。

（4）安全销，顶部有释放按钮。安全销是用来加固解除预位情况下的滑梯预位手柄，如图7-11所示。

图7-11　安全销

（5）警示带：红色。

（6）安全销存放插孔。

3.阵风锁

阵风锁可将舱门固定在打开位置，对舱门具有锁定作用，如图7-12所示。

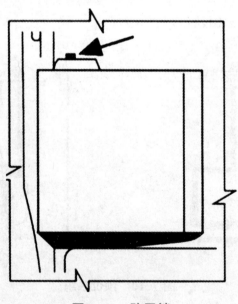

图7-12　阵风锁

4.辅助手柄

舱门辅助手柄用于辅助开启、关闭舱门，在舱门打开或关闭舱门时应握住辅助手柄。

5. 舱门锁定指示器

舱门锁定指示器用于显示门的开启、关闭状态。

（1）如舱门没锁，则显示红色底色的"未锁"字样。

（2）如舱门已关闭锁好，则显示绿色底色的"锁定"字样，如图 7-13 所示。

图 7-13　舱门锁定指示器

6. 观察窗口

观察窗口位于舱门的中部，在正常情况下，用于观察客舱外部是否已连接廊桥或客梯车；应急撤离时，用于观察客舱外部情况是否可以安全打开舱门。在观察窗口的下方设有两个指示灯：

（1）SLIDE ARMED 为滑梯预位指示灯。

（2）CABIN PRESSURE 为客舱压力警告灯，如图 7-14 所示。

图 7-14　观察窗口

7. 蜂鸣信号喇叭

防止在撤离滑梯预位时，误开舱门。

8.舱门操作手柄

舱门操作手柄用于从内部开启、关闭舱门，如图 7-15 所示。

图 7-15　舱门控制手柄

二、舱门操作方法

所有的舱门均可从客舱的外部和内部进行操作。操作舱门时须严格遵循"一慢二看三操作，先口令后操作"的原则。

1.外部开启舱门

（1）确认舱门外无障碍物。

（2）从观察窗处确认客舱未释压警告灯未亮。

（3）按下外部手柄解锁板，将手柄向上抬起至绿色标线，如图 7-15 所示。

（4）将舱门向外拉至阵风锁锁定的位置。

2.外部关闭舱门

（1）将阻拦绳收回。

（2）确认舱门内外均无障碍物。

（3）按住阵风锁直至舱门被拉动后再放开。

（4）将舱门推回至舱内。

（5）将舱门外部控制手柄压至与舱门平齐的位置，松锁板弹起至与舱门齐平。

（6）检查舱门密封状况，确认舱门没有夹杂物。

3. 内部开启舱门

（1）双人制在位操作。一名乘务员边发布口令边操作，另一名乘务员进行监控工作，见表7-3。

（2）确认舱门外无障碍物，客梯车或廊桥已停靠稳妥，或地面人员给出开门手势。

（3）确认客舱压力警告灯未亮。

（4）确认滑梯预位已经解除。

（5）一只手拉住辅助手柄，另一只手将开门手柄缓慢向上抬起，确认滑梯预位指示灯未亮后继续将手柄抬至180°。

（6）将舱门向外推至阵风锁锁定的位置。

视频：开启舱门演示

表7-3 开门口令

状态	口令	
	操作者	监控者
1. 观察舱门外部情况	"舱外安全"	"确认"
2. 确认滑梯解除预位	"压力指示正常" "预位解除" "开门"	"确认" "确认" "可以开门"
3. 打开舱门至锁定位	"完成"	"确认"
4. 拉好警示带	"完成"	"确认"

4. 内部关闭舱门

（1）双人制在位操作，先口令后操作，见表7-4。

（2）确认舱门内外均无障碍物。

（3）一只手拉住舱门内侧的辅助手柄，另一只手按下阵风锁，将舱门向内拉回。

（4）将开门手柄向下压180°至关闭。

（5）确认舱门指示器显示"LOCKED"的绿色字样。

（6）检查舱门密封状态，确定无任何夹杂物。

视频：A320关闭舱门演示

△△△
读书笔记

表 7-4　关门口令

状态	口令	
	操作者	监控者
1.观察外部情况	"黄色警示带收妥" "关门"	"确认" "可以关门"
2.解锁，关闭舱门	"完成"	"确认"

三、滑梯的预位与解除预位

为了防止操作失误，滑梯的预位与解除必须落实双人制在位操作的原则，即一名乘务员发布口令并在旁边监控，另一名乘务员进行操作。

1. 滑梯的预位程序（表 7-5）

（1）打开预位手柄处的透明保护盖。

（2）按住安全销顶部的释放按钮将其拔出。

（3）将安全销插入存放孔内，并将红色警示带塞入卡槽，使红色警示带不可视。

（4）将预位手柄向下按压至"Armed"的位置，并关闭透明保护盖。此时，查看舱门底部，将会出现"点线合一"的状态。

（5）如果滑梯处于预位状态，从外部打开舱门时，预位将会自动解除。

视频：滑梯预
位演示

表 7-5　预位口令

广播	口令
客航经理/乘务长： 1."客检门已关闭，客舱乘务员就位" 2."滑梯预位，换位检查"	1."打开保护盖" 2."拔出安全销，预位" 3."收妥安全销，使红色警示带不可视" 4."关闭保护盖，预位确认" 5.换位检查后，手势确认
各舱位乘务员内话汇报： "×号门滑梯预位，换位检查完成"	—

视频：滑梯解
除预位演示

2. 滑梯的解除预位操作

（1）打开预位手柄处的透明保护盖。

（2）将预位手柄向上抬至"Disarmed"的解除位置。

（3）从储存孔取出安全销。

（4）按住释放按钮，将安全销插入预位手柄上方的孔内。

（5）使红色警示带外露，处于明显可视的位置。

（6）关闭保护盖，完成解除预位的操作，见表7-6。

（7）开舱门前务必严格落实换位检查的任务，防止滑梯误充气。

表 7-6 解除预位口令

广播	口令
客航经理／乘务长： 1."客舱乘务员就位" 2."解除滑梯预位，换位检查"	1."打开保护盖" 2."解除预位" 3."取出安全销，锁定安全销" 4."关闭保护盖，解除确认" 5.换位检查后手势确认
各舱位乘务员内话汇报： "×号门滑梯解除预位，换位检查完成"	—

知识检测

空客 320 客舱舱门操作

| 一、职业化形象检查（20 分） |

模块	检查内容	评分标准
证件（5 分）	课程所需材料齐全	_____分
着装（5 分）	符合着装标准	_____分
发型及妆容（5 分）	发型及妆容符合要求	_____分
手部及指甲（5 分）	手部及指甲干净无异物	_____分
小计		_____分

| 二、专业知识（10 分） |

模块	考核内容及评分标准（每空 1 分）
开启舱门（5 分）	（1）位于观察窗下方的两个警告灯具有提示 _____ 或 _____ 的作用。 （2）当三角形凸起的"CABIN PRESSURE"红色警告灯亮起时，表示 _____ 尚未完全解除，此时 _____ 开启舱门。 （3）当长方形平面的"SLIDE ARMED"警告灯亮起时，表示滑梯处于 _____ 状态，提示非紧急情况不能开门。

续表

关闭舱门（5分）	（1）关闭舱门前，需要先将 _____ 进行解锁。 （2）关闭舱门时，必须确认舱门周围无 _____。 （3）安全销由 _____、_____ 和 _____ 组成。
小计	_____ 分

三、技能训练（30分）

模块	认知过程
开启舱门操作 （15分）	1. 外部开舱门操作 （1）确认舱门外无障碍物。 （2）从观察窗处确认客舱未释压警告灯未亮。 （3）按下外部手柄解锁板，将手柄向上抬起至绿色标线。 （4）将舱门向外拉至阵风锁锁定的位置。 2. 内部开舱门操作 （1）确认舱门外无障碍物，客梯车或廊桥已停靠稳妥，或地面人员给出开门手势。 （2）确认客舱压力警告灯未亮。 （3）确认滑梯预位已经解除。 （4）一只手拉住辅助手柄，另一只手将开门手柄缓慢向上抬起，确认滑梯预位指示灯未亮后继续将手柄抬至180°。 （5）将舱门向外推至阵风锁锁定的位置。
关闭舱门操作 （15分）	1. 外部关闭舱门操作 （1）将阻拦绳收回。 （2）确认舱门内外无障碍物。 （3）按住阵风锁直至舱门被拉动后再放开。 （4）将舱门推回至舱内。 （5）将舱门外部控制手柄压至与舱门平齐的位置，松锁板弹起至与舱门齐平。 （6）检查舱门密封状况，确认舱门没有夹杂物。 2. 内部关闭舱门操作 （1）确认舱门内外均无障碍物。 （2）一只手拉住舱门内侧的辅助手柄，另一只手按下阵风锁，将舱门向内拉回。 （3）将开门手柄向下压180°至关闭。 （4）确认舱门指示器显示"LOCKED"的绿色字样。 （5）检查舱门密封状态，确定无任何夹杂物。
小计	_____ 分

四、专业化态度（30分）				
模块	工作完成情况			
	优秀（5分）	良好（3分）	及格（2分）	需要提升（1分）
微笑服务（5分）				
热情有礼，敬语使用自如（5分）				
服务动作规范（5分）				
承认错误，主动道歉（5分）				
协作服务（5分）				
工作作风（5分）				
小计	_____分			
五、课后整理（10分）				
整理标准	（1）学习及实习场地卫生整洁，无废弃物，设备及桌椅整齐归位。 （2）客舱地毯干净、无污物。 （3）安全带整洁并交叉摆放。 （4）卫生清扫后，收起座椅靠背，椅袋内清洁袋须更换，整理好民航杂志和安全须知。 （5）洗手间内壁板、镜子、水池、马桶内外、地面必须干净、光亮、无异味、无积水。 （6）厨房台面、水池保持干净。 （7）垃圾箱（车）清洁并更换垃圾袋。 （8）毛毯、枕头、头片整洁。			
卫生整理评价（10分）	优秀（10分）	良好（8分）	及格（6分）	需要提升（4分）
小计	_____分			

续表

六、教员总评
总分：　　　　　　　　　　　　　　　　　　　　　　　　　　　　　　　　教师签字： 时　间：

舱门应急滑梯小常识

应急滑梯是飞机的救生设施之一，主要用于飞机在紧急情况下疏散旅客，使旅客及机组在极短的时间内，从客机上撤离到地面并且尽可能减小人员受到的伤害。

紧急滑梯位于每架飞机舱门滑梯包内，可分为"预位"和"解除预位"两种工作模式。乘务员可以通过舱门上的模式选择手柄，使滑梯处于不同的工作状态。每次飞行起飞前，在完成飞行准备后，乘务人员会旋转预位手柄到预位挡，使滑梯包下面的系留杆锁到飞机地板上的接头内，这样如遇紧急情况，当乘务员打开舱门时，在拉力的作用下，会释放滑梯等相关机构，使滑梯放出并自动充气。

每个滑梯内都有 1 个或 2 个气瓶，长为 50～100 cm 不等，气瓶内充有压力为 3 000 psi 的氮气和二氧化碳的混合物，是给滑梯充气的主力军之一。滑梯附带的吸气器，还可以在充气时通过文氏管效应打开吸气器的瓣状活门，把外界空气吸入滑梯包，这样应急滑梯就会在很短的时间内充满气体。滑梯自动充气后具有一定弹性和硬度，会形成有一定角度的倾斜式滑道。人员顺着这个滑道可以从客机上滑下来，快速而安全地下降到陆地上。在水上，滑梯还可以当作漂浮物或

读书笔记

救生艇使用，可用作救生艇的滑梯可以承载一定数量的旅客。

在普通旅客看来，"小小的"滑梯或许不怎么起眼，滑梯放出后，收起来不就行了？可在飞机维护人员和乘务人员看来，它就是自己的"饭碗"，操作滑梯时要格外小心，以防滑梯被放出，因为滑梯一旦放出，收起来就不那么简单了，还会造成很大的负面影响。

首先，航班延误，旅客满意度下降；另外，航空公司会为此付出不菲的费用，这其中不仅包括因航班延误需赔偿给旅客的费用，还有将滑梯重新收入滑梯包内的费用，仅这一项可能就需要耗资数十万元；再次，舱门滑梯如被意外释放，则该舱门失效，修复期间没有滑梯的机舱门不能使用，因为多少旅客对应多少个舱门是有安全要求的，这也就意味着需要减少该架飞机承运的旅客。

复习与思考

1. B737-800 型飞机共有几个舱门？位置和作用分别是什么？

2. 航前检查时，如何检查舱门滑梯的状况？

3. 正常情况和应急情况可以通过观察窗分别观察哪些情况？

4. 红色警示带的作用是什么？

5. 解除预位时，对预位杆的操作有什么要求？

6. 描述 B737-800 型飞机正常开 / 关舱门的步骤和口令。

7. 描述空客 A320 型飞机滑梯预位 / 解除预位的步骤和口令。

模块八
翼上应急出口

1. 了解波音 737-800 和空客 A320 飞机翼上应急出口的数量及位置；
2. 掌握波音 737-800 和空客 A320 飞机翼上应急出口的结构；
3. 掌握波音 737-800 和空客 A320 飞机翼上应急出口的开启操作方法。

1. 具有能够按照民航服务岗位资格标准进行客舱服务的能力；
2. 具有能够按照民航服务岗位资格标准操作翼上应急出口的能力。

1. 具有质量意识、信息素养、工匠精神、创新思维；
2. 热爱民航事业，践行"忠诚担当的政治品格，严谨科学的专业精神，团结协作的工作作风，敬业奉献的职业操守"的当代民航精神；
3. 具有较强的安全意识和良好的服务意识。

单元一 波音 737-800 翼上应急出口的认知与使用

新知导入

波音 737-800 飞机有 4 个翼上应急出口，位于客舱机翼上，在应急情况下撤离时使用。

一、应急出口结构

波音 737-800 飞机左侧的两个应急出口分别用 WL1、WL2 表示，右侧的两个应急出口分别用 WR1、WR2 表示。翼上应急出口为舱盖式出口，由机械锁固定，可由位于舱门顶部的弹力手柄从内部或外部开启，如图 8-1 所示。

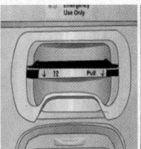

图 8-1 应急出口

读书笔记

二、应急出口操作方法

1. 内部开启

（1）向内拉下手柄。

（2）紧急出口会向外、向上自动打开。

2. 外部开启

（1）用膝盖顶住出口下部。

（2）推面板。

（3）紧急出口会向外、向上自动打开。

3. 注意事项

（1）翼上应急出口顶部设有打开出口的弹力式手柄，一旦拉动翼上应急出口的手柄，应急出口舱门立刻向外、向上弹出。

（2）为了安全起见，在飞机起飞、飞行和落地滑行时应急出口被系统自动锁住。

（3）确保在应急情况下应急出口能被打开，在地面会自动解锁。

知识检测

B737 应急出口操作		
一、职业化形象检查（20分）		
模块	检查内容	评分标准
证件（5分）	课程所需材料齐全	_____ 分
着装（5分）	符合着装标准	_____ 分
发型及妆容（5分）	发型及妆容符合要求	_____ 分
手部及指甲（5分）	手部及指甲干净无异物	_____ 分
小计		_____ 分
二、专业知识（10分）		
模块	考核内容及评分标准（每空1分）	
应急出口结构 （5分）	（1）波音 737-800 飞机共有 _____ 个应急出口。 （2）左侧的 2 个应急出口分别用 _____、_____ 表示，右侧的 2 个应急出口分别用 _____、_____ 表示。	
操作方法（5分）	（1）翼上应急出口为 _____ 的出口，由 _____ 固定，可由位于舱门顶部的 _____ 从内部或者外部开启。 （2）内部开启时，_____ 拉下手柄，紧急出口会向外、向上自动打开。 （3）外部开启时，用膝盖顶住出口下部，_____ 面板，紧急出口会向外、向上自动打开。	
小计	_____ 分	

三、技能训练（30分）	
模块	认知过程
内部开启操作 （15分）	内部开启应急出口操作： （1）向内拉下手柄。 （2）紧急出口会向外、向上自动打开。
外部开启操作 （15分）	外部开启应急出口操作： （1）用膝盖顶住出口下部。 （2）推面板。 （3）紧急出口会向外、向上自动打开。
小计	_____分

四、专业化态度（30分）				
模块	工作完成情况			
	优秀（5分）	良好（3分）	及格（2分）	需要提升（1分）
微笑服务（5分）				
热情有礼， 敬语使用自如（5分）				
服务动作规范 （5分）				
承认错误，主动道歉 （5分）				
协作服务（5分）				
工作作风（5分）				
小计	_____分			

续表

五、课后整理（10分）			
整理标准	（1）学习及实习场地卫生整洁，无废弃物，设备及桌椅整齐归位。 （2）客舱地毯干净、无污物。 （3）安全带整洁并交叉摆放。 （4）卫生清扫后，收起座椅靠背，椅袋内清洁袋须更换，整理好民航杂志和安全须知。 （5）洗手间内壁板、镜子、水池、马桶内外、地面必须干净、光亮、无异味、无积水。 （6）厨房台面、水池保持干净。 （7）垃圾箱（车）清洁并更换垃圾袋。 （8）毛毯、枕头、头片整洁。		
卫生整理评价（10分）	优秀（10分）	良好（8分）	及格（6分）	需要提升（4分）
小计	_____分			
六、教员总评				
总分：				
	教师签字： 时　　间：			

飞机紧急出口位置是如何安排的

　　紧急出口的座位主要是为了方便紧急撤离，所以腿部空间留得大，但不是旅客想坐就能坐。一般来说，航空公司地服会锁住紧急出口的一排座位，不在网上、自助值机机器上公开发放。

　　什么人不能坐紧急出口座位？

　　按照航空公司的规定，一般会把这一排位置安排给那些身强力壮的人，老弱病残孕幼、语言不通的外国人、醉酒、过于肥胖的人，以及行动不便等的特殊旅客不会被安排在这个位置。

　　以下人员不能坐在紧急出口的座位：

　　（1）该人的两臂、双手和两臂缺乏足够的运动能力、体力或灵活性。

　　（2）不能握住并推、位、转动操纵机构。

　　（3）无能力打开紧急出口。

　　（4）该人不到15岁，无人陪伴。

　　（5）缺乏阅读、理解及语言能力。

　　（6）视觉不佳者。

　　（7）缺乏听觉能力。

　　（8）缺乏口头传达能力。

　　（9）不愿意或无能力遵守出口座位规定者。

　　飞机上设置"紧急出口"是为了保障全体旅客的生命安全。坐在这个位置的旅客，在享受宽敞座位的同时，也要承担起"守护者"的责任。

　　在飞行和降落过程中，如果发生意外事故，在机长发出指令疏散乘客时，坐在紧急出口的人，应该协助空乘人员，打开紧急出口舱门，放置好逃生滑梯或气垫，协助其他乘客逃生。

读书笔记

单元二 空中客车 A320 翼上应急出口的认知与使用

新知导入

空客 A320 飞机客舱设有 4 个应急出口，在飞机的左右两侧机翼上各设有 2 个应急出口。在紧急情况下，登机门、服务门、机翼应急出口均可作为应急出口使用。

一、应急出口结构

空客 A320 飞机应急出口结构如图 8-2 所示。

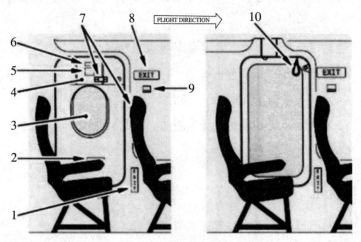

图 8-2　应急出口

1—出口标志；2—手柄凹陷处；3—窗口；4—手柄护盖；5—在透明手柄挡板下的选装锁定手柄；6—护盖挡板凹陷处；7—开启说明；8—出口指示；9—滑梯预位指示；10—滑梯人工充气手柄

二、应急出口操作方法

1. 从客舱内部打开应急出口

（1）检查内、外部条件，确认移开手柄是安全的。

（2）打开护盖挡板凹陷处，移开手柄护盖。

（3）抓住手柄凹陷处。

（4）提起透明手柄护盖。

（5）拉下锁定手柄。

（6）向上提起手柄凹陷处和护盖凹陷处的锁定手柄。

（7）开启过程中将锁定盖扔出去，滑梯自动充气。

（8）如滑梯不能自动充气，需拉动滑梯人工充气手柄。

2. 紧急开启翼上出口

（1）取下手柄盖（滑梯预位指示灯亮）。

（2）拉下操作手柄。

（3）抓住底部扶手，移开紧急出口。

3. 注意事项

应急出口始终处于待命状态，仅限紧急情况下使用。

知识检测

空客 320 应急出口操作		
一、职业化形象检查（20分）		
模块	检查内容	评分标准
证件（5分）	课程所需材料齐全	_____ 分
着装（5分）	符合着装标准	_____ 分
发型及妆容（5分）	发型及妆容符合要求	_____ 分
手部及指甲（5分）	手部及指甲干净无异物	_____ 分
小计		_____ 分
二、专业知识（10分）		
模块	考核内容及评分标准（每空1分）	
应急出口结构 （5分）	（1）空客 A320 飞机客舱设有 _____ 个应急出口。 （2）在紧急情况下，_____、_____、_____ 均可作为应急出口使用。 （3）应急出口始终处于 _____ 状态，仅限紧急情况下使用。	

续表

操作方法（5分）	（1）内部开启时先要检查 _____，确认 _____ 是安全的。 （2）开启过程中将锁定盖扔出去，滑梯 _____。 （3）紧急开启应急出口时应先取下 _____，拉下 _____，抓住底部扶手，移开紧急出口。
小计	_____ 分

三、技能训练（30分）

序号	模块	认知过程
1	内部开启 应急出口操作 （15分）	内部开启应急出口操作： （1）检查内、外部条件，确认移开手柄是安全的。 （2）打开护盖挡板凹陷处，移开手柄护盖。 （3）抓住手柄凹陷处。 （4）提起透明手柄护盖。 （5）拉下锁定手柄。 （6）向上提起手柄凹陷处和护盖凹陷处的锁定手柄。 （7）开启过程中将锁定盖扔出去，滑梯自动充气。 （8）如滑梯不能自动充气，需拉动滑梯人工充气手柄。
2	紧急开启 应急出口操作 （15分）	紧急开启应急出口操作： （1）取下手柄盖（滑梯预位指示灯亮）。 （2）拉下操作手柄。 （3）抓住底部扶手，移开紧急出口。
小计		_____ 分

四、专业化态度（30分）

模块	工作完成情况			
	优秀（5分）	良好（3分）	及格（2分）	需要提升（1分）
微笑服务（5分）				
热情有礼， 敬语使用自如（5分）				
服务动作规范 （5分）				

承认错误，主动道歉（5分）				
协作服务（5分）				
工作作风（5分）				
小计	_____分			
五、课后整理（10分）				
整理标准	（1）学习及实习场地卫生整洁，无废弃物，设备及桌椅整齐归位。 （2）客舱地毯干净、无污物。 （3）安全带整洁并交叉摆放。 （4）卫生清扫后，收起座椅靠背，椅袋内清洁袋须更换，整理好民航杂志和安全须知。 （5）洗手间内壁板、镜子、水池、马桶内外、地面必须干净、光亮、无异味、无积水。 （6）厨房台面、水池保持干净。 （7）垃圾箱（车）清洁并更换垃圾袋。 （8）毛毯、枕头、头片整洁。			
卫生整理评价（10分）	优秀（10分）	良好（8分）	及格（6分）	需要提升（4分）
小计	_____分			
六、教员总评				

总分：

教师签字：
时　　间：

知识拓展

自备梯控制

波音 737-800 配备有自备梯，自备梯储藏在前入口的下方，在机场地面设备不足的情况下，旅客可使用自备梯上、下飞机。自备梯可从飞机内部、外部控制（外部控制由机务人员操作），如图 8-3 所示。

自备梯控制开关位于 L1 门处，如图 8-4 所示。

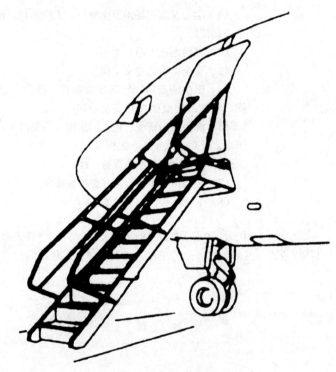

图 8-3　自备梯外观

图 8-4　自备梯

1. 操作方法

（1）自备梯的展开。

①将前出口打开至锁定位。

②将控制开关放置在"展开"位，直至自备梯完全伸展。

③松开控制开关。

④扶手的延展部分闭合（将伸缩扶手杆拉出，固定在门的两侧）。

（2）自备梯的收回。

①收回扶手杆延展部分。

②将控制开关放在"收回"位置，直至自备梯完全收回。

③松开控制开关。

2. 注意事项

（1）当风力超过 40 海里 / 小时，建议不要使用自备梯。

（2）自备梯展开后不要移动飞机。

（3）自备梯展开后，将伸缩扶手杆拉出，固定在门的两侧。自备梯收回前一定要先收回扶手杆的延展部分。

复习与思考

1. B737-800 型飞机共有几个应急出口？分别位于什么位置？

2. 空客 A320 型飞机有几个应急出口？分别位于什么位置？

3. 描述 B737-800 型飞机打开应急出口的步骤。

4. 描述空客 A320 型飞机打开应急出口的步骤。

模块九

应急设备

1. 掌握飞机应急设备的认知与使用；

2. 掌握波音 737-800 和空客 A320 飞机的灭火设备、供氧设备的使用方法与操作规范；

3. 熟悉波音 737-800 和空客 A320 求生设备的注意事项。

1. 具有能够按照民航服务岗位资格标准进行应急处置的能力；

2. 具有能够按照民航服务岗位资格标准操作应急设备的能力。

1. 具有质量意识、信息素养、工匠精神、创新思维；

2. 热爱民航事业，践行"忠诚担当的政治品格，严谨科学的专业精神，团结协作的工作作风，敬业奉献的职业操守"的当代民航精神；

3. 具有较强的安全意识和良好的服务意识。

单元一 灭火设备的认知与使用

新知导入

一、火灾的种类

火灾可分为以下几种：

A 类：可燃烧的物质，如织物、纸、木、塑料、橡胶等着火。

B 类：易燃的液体、油脂等着火。

C 类：电器设备失火。

D 类：易燃的固体，如镁、钛、纳等着火。

二、手提式水灭火瓶

1. 手提式水灭火瓶的适用范围

手提式水灭火瓶适用于一般性火灾的处理（A 类），如纸、木、织物等着火。

2. 手提式水灭火瓶的结构

手提式水灭火瓶的结构如图 9-1 所示。

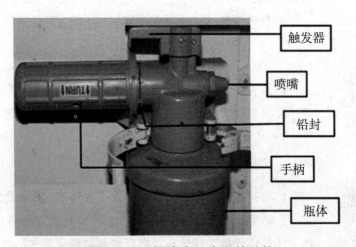

触发器

喷嘴

铅封

手柄

瓶体

图 9-1　手提式水灭火瓶的结构

3. 手提式水灭火瓶的使用方法

（1）垂直握住瓶体。

（2）向右（顺时针）转动手柄。

（3）按下触发器，喷嘴对准火源底部边缘。

（4）移动灭火瓶，喷向火源的底部边缘。

4. 使用手提式水灭火瓶的注意事项

（1）瓶体不要横握或倒握。

（2）不能用于电器和油类火灾。

（3）可燃性液体及气体失火时不能使用。

（4）瓶体内的水已加入防冻、防锈混合剂，不能饮用。

（5）喷射时间和距离：喷射时间为 40 s，喷射距离为 2～3 m（10 英尺）。

5. 飞行前检查

（1）位于指定位置并固定好。

（2）铅封处于完好状态，无损坏。

（3）在有效期内。

三、手提式海伦灭火瓶

1. 手提式海伦灭火瓶的适用范围

（1）适用任何类型（A、B、C、D）的火灾。

（2）最适合由电器燃油和润滑油脂引起的火灾。

2. 手提式海伦灭火瓶的结构

手提式海伦灭火瓶由喷嘴、压力指示表、拉环式安全销、触发器、手柄
及灭火瓶瓶体组成，如图 9-2 所示。

读书笔记

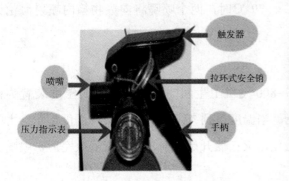

图 9-2　手提式海伦灭火瓶

3. 手提式海伦灭火瓶的使用方法

（1）垂直握住瓶体。

（2）快速拔下安全销。

（3）握住手柄和触发器，喷嘴对准火源底部边缘。

（4）平行移动灭火瓶，喷向火源底部边缘。

4. 使用手提式海伦灭火瓶的注意事项

（1）瓶体不能横握或倒握。

（2）灭火后用水将火区浸透。海伦灭火瓶喷出的是气化雾，这种气化雾是一种惰性物体，可以隔绝空气并扑灭火源；表层火熄灭后，里层还有余火。

（3）不能用于扑灭人身上的火灾，以免造成窒息。

（4）喷射距离为 2 ～ 3 m（10 英尺）；喷射时间为 10 s。

5. 飞行前检查

（1）是否在指定位置并固定好。

（2）安全销是否在穿过手柄和触发器的适当位置。

（3）铅封是否完好。

（4）压力指针在绿色区域。

（5）检验日期是否在有效期内。

四、卫生间灭火装置

1. 位置与结构

（1）每个卫生间的盆池下面都有一个自动灭火装置（图9-3）。

（2）每个灭火装置包括一个海伦灭火瓶和两个指向废物箱的喷嘴。

（3）当温度达到 77 ℃～ 79 ℃时，两个喷嘴将向废物箱内喷射海伦灭火剂。

2. 工作原理

通常情况下，波音 737-800 飞机卫生间的自动灭火器的温度装置为白色，两个喷嘴被密封剂封死，当温度达到 77 ℃～ 79 ℃时，温度指示器上的灰色圆点变成黑色，喷嘴融化，灭火瓶开始喷射，灭火瓶释放完后，喷嘴尖端的颜色为白色。

空客 A320 飞机卫生间的垃圾箱起火，灭火器会自动工作，当垃圾箱的温度达到 79 ℃（约 174.2 ℉），释放管尾部的可溶性插座即融化，灭火物质流入垃圾箱。

3. 飞行前检查

波音 737-800 飞机飞行前，需要检查温度指示器是否为白色，如果不是则需要报告。空客 A320 飞机飞行前需要确认海伦灭火器的压力指针在绿色区域。

灭火装置

图 9-3　自动灭火装置

五、防护式呼吸装置

1. 防护式呼吸装置的作用

防护式呼吸装置（Protective Breather Equipment，PBE）是飞行机组和乘务组成员在客舱封闭区域失火和有浓烟时使用，它可以保护灭火者的眼睛和呼吸道不受火与烟雾的侵害，如图 9-4 所示。

2. 防护式呼吸装置提供氧气的工作原理

防护式呼吸装置（PBE）的氧气是由防护式呼吸装置防烟面罩的化学氧气发生器提供的。当拉动触发拉绳后，化学氧气发生器中的化学元素发生化学反应并释放出热量，使化学氧气发生器中的温度上升，产生氧气。

3. 防护式呼吸装置的使用方法

（1）打开包装盒。

（2）取出防烟面罩。

（3）撑开密封胶圈。

（4）戴上防烟面罩。

（5）整理防烟面罩的位置。

（6）固定搭扣，拉动触发绳。

（7）吸氧。

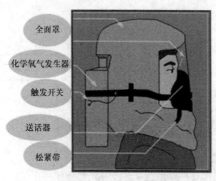

全面罩

化学氧气发生器

触发开关

送话器

松紧带

图 9-4　防护式呼吸装置

4. 注意事项

（1）在非烟区戴好。

（2）衣领要离开密封胶圈，头发要全部放入防烟面罩内。

（3）当感觉呼吸困难时，可能是面罩穿戴不当或氧气用完。

（4）当面罩内吸时，表明使用时间已到，应迅速到无烟区摘下面罩。

（5）如果戴着眼镜使用防烟面罩，戴好眼镜后要在面罩外部整理眼镜的位置。

（6）使用时间为 15 min。

（7）飞行前需要做好以下检查：一是确定防烟面罩在指定位置固定好；二是密封包装盒完好；三是确认外包装铅封完好。

六、救生斧

应急救生斧用于清理障碍物及灭火。应急救生斧手柄包着橡胶绝缘材料，以防止与电线接触时遭电击。斧口有一个防护套，以防不使用时伤人，如图 9-5 所示。

图 9-5 应急救生斧

知识检测

灭火设备的认知与使用		
一、职业化形象检查（20分）		
模块	检查内容	评分标准
证件（5分）	课程所需材料齐全	_____分
着装（5分）	符合着装标准	_____分
发型及妆容（5分）	发型及妆容符合要求	_____分
手部及指甲（5分）	手部及指甲干净无异物	_____分
小计		_____分

二、专业知识（10分）	
模块	考核内容及评分标准（每空2分）
灭火设备（10分）	（1）PBE 重量 _____ 公斤。使用时间 _____ 分钟。 （2）海伦灭火剂的喷射距离 _____；喷射时间 _____。 （3）水基灭火器的喷射距离 _____；喷射时间 40 s。
小计	_____ 分
三、技能训练（30分）	
模块	认知过程
手提式的认知 （8分）	适用范围：_____ 使用方法：_____ 注意事项：_____
手提式海伦灭火瓶 （8分）	适用范围：_____ 使用方法：_____ 注意事项：_____
卫生间灭火装置 （4分）	位置结构：_____ 工作原理：_____
防护式呼吸装置 （10分）	作用：_____ 使用方法：_____ 注意事项：_____
小计	_____ 分

四、专业化态度（30分）				
模块	工作完成情况			
	优秀（5分）	良好（3分）	及格（2分）	需要提升（1分）
微笑服务（5分）				
热情有礼， 敬语使用自如（5分）				

续表

服务动作规范 （5分）			
承认错误，主动道歉 （5分）			
协作服务（5分）			
工作作风（5分）			
小计	_____分		

五、课后整理（10分）

整理标准	（1）学习及实习场地卫生整洁，无废弃物，设备及桌椅整齐归位。 （2）客舱地毯干净、无污物。 （3）安全带整洁并交叉摆放。 （4）卫生清扫后，收起座椅靠背，椅袋内清洁袋须更换，整理好民航杂志和安全须知。 （5）洗手间内壁板、镜子、水池、马桶内外、地面必须干净、光亮、无异味、无积水。 （6）厨房台面、水池保持干净。 （7）垃圾箱（车）清洁并更换垃圾袋。 （8）毛毯、枕头、头片整洁。		
卫生整理评价（10分）	优秀（10分）	良好（8分）	及格（6分）	需要提升（4分）
小计	_____分		

六、教员总评

总分：

教师签字：
时　　间：

单元二　急救设备的认知与使用

新知导入

高空环境下，当飞机发生紧急事件时，机上应急设备对保障机上人员的生命安全尤为重要。

一、供氧系统

（一）便携式手提氧气瓶（Portable Oxygen Bottle）

便携式手提氧气瓶主要在应急情况下如客舱释压及飞机上急救时使用，如图9-6所示。

图9-6　便携式手提氧气瓶

1. 便携式手提氧气瓶结构

便携式手提氧气瓶主要由开关阀、压力表、氧气面罩等部分组成，如图9-7所示。

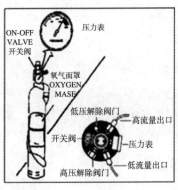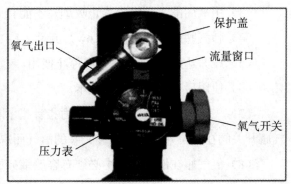

图 9-7 氧气瓶结构

2. 便携式手提氧气瓶容量及使用时长（表 9-1）

（1）波音飞机氧气瓶容量分为 120 L 和 311 L 两种。

（2）空客 A320 飞机氧气瓶容量为 310 L。

表 9-1 便携式氧气瓶容量及使用时长

容量 /L	使用流量 / ($L \cdot min^{-1}$)	持续使用时间 /min
120	4（高流量）	30
	2（低流量）	60
311	4（高流量）	60
	2（低流量）	120

3. 便携式手提氧气瓶使用方法

便携式手提氧气瓶的使用方法如下：

（1）取出氧气瓶。

（2）打开其中一个防尘罩。

（3）插上氧气面罩。

（4）逆时针转动开关至全开位置，开放氧气。

（5）检查氧气袋是否充氧。

（6）戴上氧气面罩。

4. 便携式手提氧气瓶注意事项

使用便携式手提氧气瓶需要注意以下几点：

（1）不要摔撞氧气瓶。

（2）避免氧气与油或脂肪接触，使用前要擦掉浓重的口红和润肤油。

读书笔记

（3）用氧周围 3 m 以内禁止吸烟，不能有火源。

（4）肺气肿患者使用低（Low）流量。

（5）压力达到 500 psi 时，应停止使用。

（6）使用后填写《客舱记录本》。

（7）飞行前要检查：氧气瓶压力指针指示在 1 800 psi（红色区域）；氧气瓶开关阀在关位并配备有包装完好的氧气面罩；日期在有效期内。

（8）氧气瓶在使用过程中必须有客舱乘务员监控。

（二）旅客的氧气面罩

氧气面罩是在紧急情况下用于机上人员吸氧的工具，该供氧量和供氧时间应符合国际民航航空组织（ICAO）的用氧标准。飞机上安装两个独立的供氧系统：一个系统供给乘客和乘务员使用；另一个系统供给驾驶舱使用。旅客氧气面罩如图 9-8 所示。

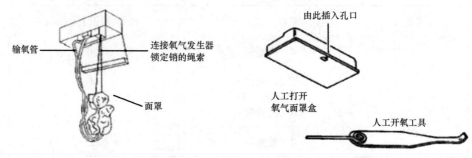

图 9-8　旅客氧气面罩

1. 氧气面罩的位置和分布

氧气面罩的位置和分布如下：

（1）每排旅客座椅上方氧气面罩储藏室内配备四个氧气面罩。

（2）卫生间马桶上方配备两个氧气面罩。

（3）客舱乘务员座椅上方配备两个氧气面罩。

2. 氧气面罩的供氧原理

对于波音 737-800 和空客 A320 飞机，旅客用氧是由氧气面罩储藏室内的化学氧气发生器提供。

化学氧气发生器供氧的注意事项如下：

（1）化学氧气发生器只有在拉动面罩后才开始工作。

（2）拉动一个面罩可使该氧气面罩储藏室内所有氧气面罩都有氧气流出。

（3）化学氧气发生器工作时，不要用手触摸，以免烫伤。

（4）氧气一旦流动，则不能关闭。

3.氧气面罩的供氧方式

氧气面罩是旅客用于吸氧的工具。当座舱高度达到 14 000 英尺（4 200 m）时，客舱内的氧气面罩自动脱落。

（1）自动方式。当客舱释压后，氧气面罩储藏室的门自动打开，氧气面罩自动脱落。

（2）电动方式。当自动方式失效或在任何飞行高度，由机组将驾驶舱内的控制开关置于 ON 的位置（通常情况下，驾驶舱内的氧气面罩控制开关置于 AUTO 的位置）时，客舱内所有氧气面罩储藏室的门会打开，氧气面罩脱落。

（3）人工方式。当自动方式和电动方式都失效时，可由人工用尖细的物品，如笔尖、别针、发卡等插入氧气面罩储藏室门的释放孔，这会使氧气面罩脱落。

4.氧气面罩的使用方法

氧气面罩的使用方法如下：

（1）使氧面罩脱落。

（2）用力拉下氧气面罩，将面罩罩在口鼻处，将带子套在头上。

（3）进行正常呼吸。

5.氧气面罩的注意事项

（1）必须拉动面罩才有氧气流出；拉动一个氧气面罩，储藏内所有的面罩都会有氧流出，不要将使用过的氧气面罩塞回储藏室内。

（2）氧气面罩不能用作防烟面罩使用。

（3）用氧开始时，禁止吸烟。

（4）氧气发生器工作时，组件会发热，客舱的温度会稍有增加，同时伴有燃烧的气味和烟雾。

（5）化学氧气发生器工作时，不要用手触摸，以免烫伤。

（6）氧气流动时间为 12 min，不能关闭。

（7）用完后乘务长应及时填写《客舱记录本》。

读书笔记

（三）飞行机组供氧系统

飞行机组供氧系统独立于旅客供氧系统，其氧气由固定氧气瓶提供。飞行机组在飞机释压的情况下或闻到异味和遇到有烟雾存在的情况时，必须使用氧气设备。

1. 位置

机组供氧系统开关位于驾驶员的座椅旁边。

2. 使用方法

用拇指和食指捏住红色释放手柄，将面罩从储存盒内取出，面罩张开，将面罩戴在头上后，松开手柄，面罩收缩并与头部和面部吻合，如图 9-9 所示。

供氧装置

供氧装置

图 9-9　驾驶员氧气面罩

3. 注意事项

（1）氧气面罩不能用作防烟面罩。

（2）氧气面罩属于快速穿戴型，不能自动打开。

（3）必须在 5 s 内戴好氧气面罩。

二、急救设备

航班上应有急救药箱、应急医疗箱两套不同的急救设备。航班的急救设备必须达到中国民航的最低要求才能够起飞。飞机上所有的药箱必须铅封，存放在指定位置并固定好。

1.急救药箱

航前检查是否在位，检查日期是否在有效期内，铅封是否完好，数量是否正确。急救药箱内包含的物品见表9-2。

表9-2　急救药箱内包含的物品

项目	数量
绷带	适量
敷料（纱布）	适量
三角巾（带安全别针）	适量
胶布（宽、窄）	适量
动脉止血带	1 条
外用烧伤药膏	适量
手臂夹板	1 副
腿部夹板	1 副
医用剪刀	1 把
医用橡胶手套	2 副
皮肤消毒剂及消毒棉	适量
单向活瓣嘴对嘴复苏面罩	1 个
急救手册（含物品清单）	1 本
事件记录表或机上医疗事件报告单	1 本

机上急救药箱的数量与载客量有关，具体见表9-3。

表9-3　机上急救药箱的数量与载客量

载客人数／人	急救箱数量／个
≤ 100	1
101～200	2
201～300	3
301～400	4

续表

载客人数 / 人	急救箱数量 / 个
401 ~ 500	5
500 以上	6

2. 应急医疗箱

在航班上应有 1 个应急医疗箱，航前检查是否在有效期内，铅封是否完好，数量是否正确。应急医疗箱包含的内容见表 9-4。

表 9-4 应急医疗箱包含的内容

项目	数量
脐带夹	1 个
医用口罩	2 个
医用橡胶手套	2 副
皮肤消毒剂	适量
消毒棉签	适量
体温计	1 支
注射器	适量
生理盐水	适量
肾上腺素	适量
盐酸苯海拉明注射液	适量
硝酸甘油片	适量
阿司匹林口服片	适量
应急医疗手册（含物品清单）	1 本
事件记录表或机上医疗事件报告单	1 本

3. 卫生防疫包

卫生防疫包用于清除客舱内血液、尿液、呕吐物和排泄物等潜在的传染物，以及护理可疑传染病人时使用。在航班上每 100 个旅客座位配备 1 个卫生防疫包。卫生防疫包包含的内容见表 9-5。

表 9-5 卫生防疫包包含的内容

项目	数量
液体、排泄物消毒凝固剂	适量
表面清理消毒杀菌剂	适量
皮肤消毒擦拭纸巾	适量
医用口罩和眼罩	各 1 副
医用橡胶手套	2 副
防渗透橡胶（塑料）围裙	1 条
大块吸水纸巾	2 块
便携拾物铲	1 套
生物有害专用垃圾袋	1 套
物品清单和使用说明书	1 份
事件记录表或机上医疗事件报告单	1 本

知识检测

机上供氧设备的认知与使用		
一、职业化形象检查（20 分）		
模块	检查内容	评分标准
证件（5 分）	课程所需材料齐全	_____ 分
着装（5 分）	符合着装标准	_____ 分
发型及妆容（5 分）	发型及妆容符合要求	_____ 分
手部及指甲（5 分）	手部及指甲干净无异物	_____ 分
小计		_____ 分

二、专业知识（10分）	
模块	考核内容及评分标准（每空2分）
供氧设备（10分）	（1）航班上应有 _____、_____ 两套不同的急救设备。 （2）应急医疗箱，航前检查是否在 _____，_____ 是否完好，数量是否正确。 （3）波音飞机氧气瓶容量分为120 L和___L两种。
小计	_____分
三、技能训练（30分）	
模块	认知过程
便携式手提氧气瓶 （8分）	（1）结构：_____ （2）容量：_____ （3）使用方法：_____ （4）注意事项：_____
旅客的氧气设备 （8分）	（1）位置：_____ （2）分布：_____ （3）供氧原理：_____ （4）使用方法：_____
飞机机组供氧系统 （4分）	（1）位置及使用方法：_____ （2）注意事项：_____
航前检查便携式氧气瓶 （10分）	（1）压力指针指示在红色区域（不低于1 600磅/平方英寸），"开–关"阀在"关"位。 （2）与之配套使用的氧气面罩与氧气瓶放在一起，包装完好。 （3）开关阀上的铅封完好。 （4）检查固定支架完好，易于取用。
小计	_____分
四、专业化态度（30分）			

模块	工作完成情况			
	优秀（5分）	良好（3分）	及格（2分）	需要提升（1分）
微笑服务（5分）				

热情有礼， 敬语使用自如（5分）			
服务动作规范 （5分）			
承认错误，主动道歉 （5分）			
协作服务（5分）			
工作作风（5分）			
小计	_____分		

五、课后整理（10分）			
整理标准	（1）学习及实习场地卫生整洁，无废弃物，设备及桌椅整齐归位。 （2）客舱地毯干净、无污物。 （3）安全带整洁并交叉摆放。 （4）卫生清扫后，收起座椅靠背，椅袋内清洁袋须更换，整理好民航杂志和安全须知。 （5）洗手间内壁板、镜子、水池、马桶内外、地面必须干净、光亮、无异味、无积水。 （6）厨房台面、水池保持干净。 （7）垃圾箱（车）清洁并更换垃圾袋。 （8）毛毯、枕头、头片整洁。		
卫生整理评价（10分）	优秀（10分）	良好（8分）	及格（6分）	需要提升（4分）
小计	_____分			

六、教员总评	
总分：	教师签字： 时　间：

单元三　求生设备的认知与使用

📖 新知导入

飞机发生紧急事件时，机上求生设备对机上营救起着至关重要的作用。

一、救命包

救命包为应急撤离后的生存提供帮助。救命包存放在滑梯／救生船内，从陆地应急撤离后救命包悬挂在滑梯上；到达安全区域后，使用救命包内的求生设备。

1. 信号筒

信号筒是向外界发出应急信号的设备。其有两种工作方式，即白天发出橘黄色的烟雾，夜间发出红色的火光。信号筒如图 9-10 所示。

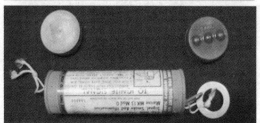

图 9-10　信号筒

（1）使用方法。

①打开外盖。

②用拇指钩住 D 形环。

③拉起 D 形环，打开密封盖。

④信号筒发烟或冒火。

（2）需要注意的问题。

①操作时最好戴上手套。

②放在船外使用。

③拉起 D 形环时，要用力并且行动快速。

④放在风的下侧，与水平方向向上呈 45°角。

⑤一侧使用完成后蘸水及完全熄灭，另一侧可以继续使用。

⑥使用时间为 20 ～ 30 s。

2. 安全灯棒

安全灯棒（Safety Light）用于夜间照明和辨别方位，也可用于在海上发出求救信号，如图 9-11 所示。

图 9-11　安全灯棒

（1）使用方法。

①取出灯棒。

②从中间折弯。

③用力摇晃。

④系在船外侧的绳上。

（2）使用时间：安全灯棒的使用时间为 12 h。

（3）注意事项：使用时将其折弯，不要折断，将连接处系在身上或船上。

3. 反光镜

反光镜通过日光或月光反射出强光向外界发出求救信号，如图 9-12 所示。

读书笔记

图 9-12　反光镜

（1）使用方法。

①用镜子的反射光对准手掌或近处物体，然后用眼睛对准视孔，寻找这个点。

②调整镜子，让亮点对准物体。

③使亮点和物体重叠在视孔的中心。

（2）注意事项。

①不要用镜子对着靠近的飞机。

②使用时，将其挂在脖子上，以防掉落。

③反射距离在 14 km 以上。

4. 海水手电筒

海水手电筒用于照明及发出求救信号，如图 9-13 所示。

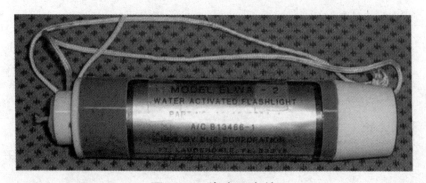

图 9-13　海水手电筒

（1）使用方法。

①打开封盖。

②灌入海水或盐水。

③盖上封盖。

④发光。

（2）注意事项：当手电筒的光减弱时，可以继续加入海水或盐水，继续使用。

5.海水着色剂

海水着色剂能够把船周围的海水染成荧光绿色，向外发出求救信号，如图9-14所示。

（1）使用方法。

①打开包装，将染料洒在船的周围，染料在水中散发绿色的荧光，可保持45 min。

②绿色的荧光染料可在水中保持2 ～ 3 h。

（2）注意事项：每次只能使用一个海水着色剂。

图 9-14　海水着色剂

6.水净化药片

水净化药片每瓶内有 50 片，如图 9-15 所示。

图 9-15 水净化药片

（1）使用方法。

①将 1 片药片放入 1 L 淡水中，充分摇晃，水在 10 min 后可以饮用。

②如果是很脏或很凉的水，需要两片药片净化 1 L 的淡水，20 min 后可以饮用。

（2）注意事项：使用水净化药片时要注意药片和淡水的比例。水净化药片没有淡化海水的功能，只能净化淡水。

7. 乘晕宁止吐药

乘晕宁止吐药防治由于晕船产生的恶心和呕吐，每瓶内装有 100 片，如图 9-16 所示。

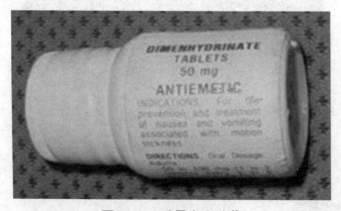

图 9-16 乘晕宁止吐药

（1）使用方法。

①成人每 4 ～ 6 h 服用 1 ～ 2 片，24 h 内不超过 8 片。

②儿童（6 ～ 12 岁）每 6 ～ 8 h 服用 0.25 ～ 0.5 片，24 h 内不超过 1.5 片。

（2）注意事项：此药有副作用，最好在医生指导下服用。

8. 修补夹钳

修补夹钳用于修补船上的破洞，如图 9-17 所示。

使用方法如下：

（1）松开螺栓分离夹子。

（2）将手穿入线绳上的布环内。

（3）将密封盖插入船的破洞。

（4）将另一个铁盖盖在密封盖上，并将螺栓拧紧。

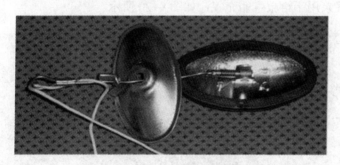

图 9-17 修补夹钳

读书笔记

9. 海水脱盐器

一个海水脱盐器内有一个塑料袋和 6 包药。向塑料袋中装入海水，放入一块药，轻轻摇晃搅动，1 h 后可以饮用，如图 9-18 所示。

图 9-18 海水脱盐器

10. 水桶、海绵

水桶、海绵用于将水从救生船中运出，如图 9-19 所示。

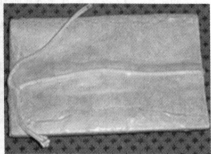

图 9-19 水桶、海绵

11. 手动气泵

手动气泵用于给救生船充气，如图 9-20 所示。

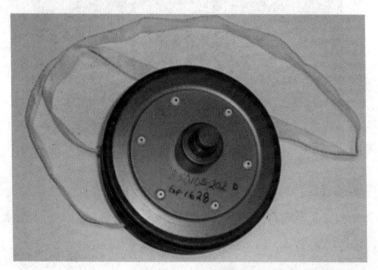

图 9-20 手动气泵

使用方法如下：

（1）打开充气／放气活门。

（2）将手泵拧入。

（3）重复压／放手泵的风箱。

（4）将手泵从充气／放气活门处移开。

（5）确认充气／放气活门重新关上。

12. 唇膏

唇膏用于滋润由暴晒和缺水导致的唇部与其他部位的干裂，如图 9-21 所示。

图 9-21 唇膏

13. 蔗糖

蔗糖为人体提供必要的能量，蔗糖在撤离后要由乘务员保管好，在紧急需要时分给旅客食用，如图 9-22 所示。

读书笔记

图 9-22 蔗糖

14. 饮用水

每个救命包内有 8 袋饮用水，注意保存，必要时再使用。需要注意的是

发现饮用水的袋子有破损或饮用水过保质期时，尽量不要引用，饮用水如图 9-23 所示。

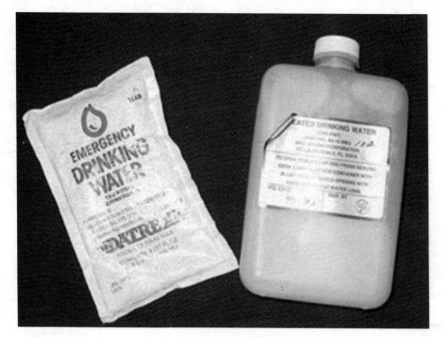

图 9-23　饮用水

15. 多功能刀具

使用多功能刀具时要注意安全，避免人员受伤及船体割伤，如图 9-24 所示。

图 9-24　多功能刀具

16. 绷带和胶布

绷带和胶布用于撤离时摔伤、撞伤患者的包扎，如图 9-25 所示。

绷带

敷料

创可贴

三角巾

防水胶布

图 9-25 绷带和胶布

17. 碘酒

碘酒仅限外伤使用，不要涂抹在眼部，拔下纸套，挤捏瓶体，用于涂抹伤口，如图 9-26 所示。

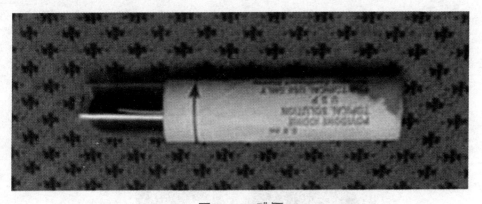

图 9-26 碘酒

18. 哨子

哨子用于将求救的声音传递出去，如图 9-27 所示。

使用时注意：哨子的带子应系好并固定好。

读书笔记

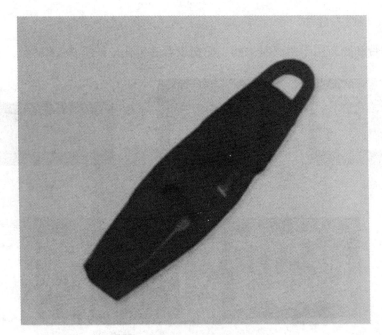

图 9-27　哨子

19. 氨吸入剂

氨吸入剂用于唤醒昏迷和丧失意识的人，如图 9-28 所示。

（1）使用方法：双手攥住氨吸入剂的两端，从中折断，放于鼻下让患者吸入。

（2）注意事项：不要贴在鼻孔上，不可长时间使用。

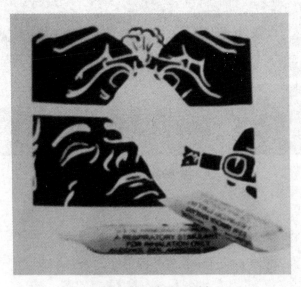

图 9-28　氨吸入剂

20.烧伤药膏

烧伤药膏用于治疗小面积的烧伤、晒伤、擦伤或虫蚁咬伤。为了便于夜间辨别，烧伤药膏的顶端形状为尖帽，如图9-29所示。

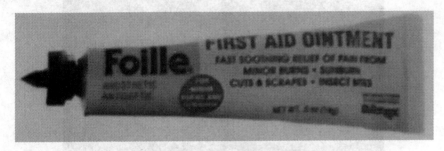

图 9-29　烧伤药膏

21.眼药膏

眼药膏用于治疗眼部疾病，以及眼部疼痛或眼部干涩，如图9-30所示。

图 9-30　眼药膏

读书笔记

22.求生生存手册

求生生存手册中有各种求生求救的方法，对野外求生有很重要的帮助，如图9-31所示。

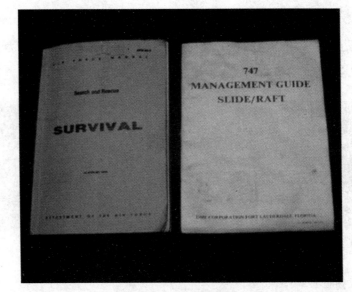

图 9-31　求生生存手册

二、应急发报机

应急发报机是当飞机遇险后，向外界发出救生信号时使用的。应急发报机是自浮式双频率电台，电台发射频率为民用 121.5 MHz 和军用 243 MHz 的调频无线电信号。这些频率是国际民航组织遇难时发出求救信号的通用频率。使用时间为 48 h。应急发报机如图 9-32 所示。

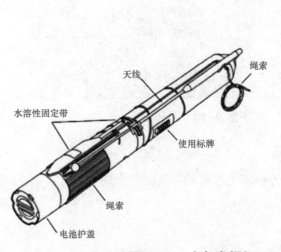

天线

绳索

水溶性固定带

使用标牌

绳索

电池护盖

图 9-32　应急发报机

1.使用方法

（1）陆地使用发报机如图 9-33 所示。

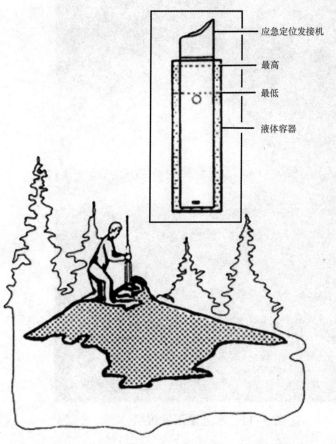

图 9-33　陆地使用发报机

陆地使用发报机的使用方法如下：

①取下发报机的套子或袋子。

②发报机放入水中后，水溶带断开，天线竖起，自动发出信号。

③将袋内或套内装入一半的水。

④将发报机放入套内或袋内。

⑤发报机开始工作。

（2）水上使用发报机如图 9-34 所示。

读书笔记

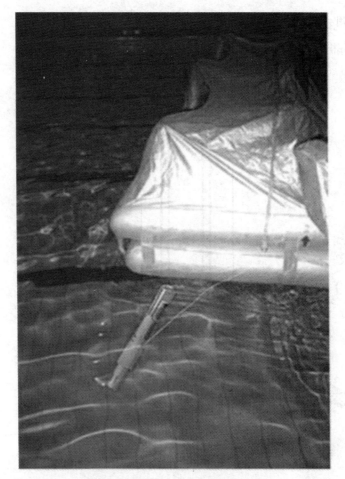

图 9-34　水上使用发报机

水上使用发报机的使用方法如下：

①取下发报机的套子。

②将尼龙绳的末端系在救生船上，然后将发报机扔入水中，使发报机与船保持和尼龙绳一样的距离。

③天线自动竖起后，开始发报。

④5 s 后开始发报（注意：陆地淡水中是 5 min 后开始发报）。

2.注意事项

使用发报机的注意事项如下：

（1）在陆地使用时，发报机的套内只能放入水、咖啡、果汁或尿，不能放入油。

（2）在陆地使用时，发报机不能横放或倒放。

（3）每次只能使用一个发报机，周围不能有障碍物。

（4）关闭时，将发报机从水中取出，收回天线，使其躺倒在地上。

三、救生衣

救生衣在水上紧急撤离时使用，跨水域飞行时，每架飞机必须配备救生衣，机组救生衣为红色，乘客救生衣为黄色。旅客救生衣一般存放在旅客座椅下方。救生衣上装有一个定位指示灯，便于夜间求救，如图 9-35 所示。

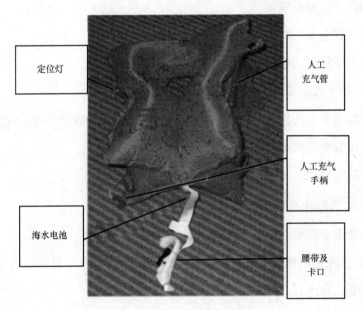

定位灯

人工充气管

人工充气手柄

海水电池

腰带及卡口

图 9-35　救生衣

读书笔记

1. 救生衣的种类

救生衣有以下三种：

（1）机组救生衣（红色）。

（2）成人救生衣。

（3）婴儿救生衣。

2. 救生衣的使用方法

（1）成人救生衣的使用方法。

①取出救生衣，经头部穿好。

②将带子扣好系紧。

③打开充气阀门。

④充气不足时，拉出人工充气管，用嘴向里面吹气。

（2）婴儿救生衣的使用方法。

①取出救生衣。

②由成年人给婴儿穿戴。

③将带子放在婴儿两腿之间。

④救生衣经头部穿好。

⑤将带子扣好系紧。

⑥打开红色充气阀门。

⑦充气不足时，拉出人工充气管，用嘴向里面吹气。

（3）救生衣定位灯的使用方法。

①将救生衣上的标志（Pull to Light）绝缘线拔出，以便接通定位灯。

②定位灯电池浸水后，几秒钟内会自动发光。

③可持续使用 8～10 h。

3. 救生衣的注意事项

使用救生衣需要注意以下事项：

（1）婴儿抱离座位时充气，母亲和婴儿救生衣扣在一起。一周岁以下的儿童使用婴儿救生衣。

（2）儿童离开座位后，救生衣充一半的气。一周岁以上的儿童使用成人救生衣。

（3）成年人上船充气。

（4）救生衣的定位灯是在夜间使用的。

四、应急照明

1. 内部应急照明

内部应急照明灯包括舱门灯、过道灯、撤离路线标示灯、出口灯和荧光出口标志。出口标志和应急区域灯用于标示所有客舱路线。

撤离路线标示灯安装于客舱左侧的地板结构，沿过道间隔排列。当因烟雾导致客舱过道 1.5 m 以外的灯光变得模糊不清时，应接通应急灯开关提供撤离路线照明。行李架应急灯可提供过道照明。

出口灯位于每个客舱出口的位置，通常均保持关闭状态。在飞机所有交流电源失效时，应急出口灯自动打开，电源为自备电池。

2.外部应急照明

外部应急照明灯提供撤离滑梯照明。应急灯安装在每个登机门和服务舱门后部机身两侧，用于提供撤离滑梯照明。滑梯放出后应急灯将自动接通。安装在机身两侧机翼附近的两个应急灯提供机翼撤离路线和接地区域照明。

3.应急手电筒

应急手电筒独立于应急照明系统，安装在每个乘务员位置或附近。从固定支架中取出时，手电筒电源会自动接通（灯亮）；放回支架时，手电筒电源自动关断（灯灭）。电池指示灯每次闪亮的频率在 3～4 s 时，表示电量充足。注意应急手电筒的电池不能充电。

视频：应急设备航前检查

知识检测

求生设备的认知与使用		
一、职业化形象检查（20分）		
模块	检查内容	评分标准
证件（5分）	课程所需材料齐全	_____分
着装（5分）	符合着装标准	_____分
发型及妆容（5分）	发型及妆容符合要求	_____分
手部及指甲（5分）	手部及指甲干净无异物	_____分
小计		_____分
二、专业知识（10分）		
模块	考核内容及评分标准（每空2分）	
	（1）_____为应急撤离后的生存提供帮助。	

续表

求生设备（10分）	（2）安全灯棒（Safety Light），用于夜间 _____ 和辨别方位。 （3）_____ 通过白光或月光反射出强光向外界发出求救信号。 （4）乘晕宁止吐药防治由 _____ 产生的恶心和呕吐，每瓶内装有 100 片。 （5）每个救命包内有 _____ 袋饮用水，注意保存，必要时再用。
小计	_____分
三、技能训练（30分）	
模块	认知过程
信号筒（4分）	使用方法：_____ 注意事项：_____
安全灯棒（2分）	使用方法：_____ 使用时间：_____ 注意事项：_____
反光镜（2分）	使用方法：_____ 注意事项：_____
海水手电筒（2分）	使用方法：_____ 注意事项：_____
海水着色剂（2分）	使用方法：_____ 注意事项：_____
水净化药片（2分）	使用方法：_____ 注意事项：_____
乘晕宁止吐药（4分）	使用方法：_____ 注意事项：_____
眼药膏（2分）	使用方法：_____ 注意事项：_____

人工充气泵（2分）	使用方法：_____ 注意事项：_____		
多功能刀具（2分）	使用方法：_____ 注意事项：_____		
应急发报机（2分）	使用方法：_____ 注意事项：_____		
救生衣（4分）	使用方法：_____ 注意事项：_____		
小计	_____分		
四、专业化态度（30分）			
模块	工作完成情况		
	优秀（5分）	良好（3分）	及格（2分）	需要提升（1分）
微笑服务（5分）				
热情有礼， 敬语使用自如（5分）				
服务动作规范（5分）				
承认错误，主动道歉 （5分）				
协作服务（5分）				
工作作风（5分）				
小计	_____分			
五、课后整理（10分）				
整理标准	（1）学习及实习场地卫生整洁，无废弃物，设备及桌椅整齐归位。 （2）客舱地毯干净、无污物。 （3）安全带整洁并交叉摆放。 （4）卫生清扫后，收起座椅靠背，椅袋内清洁袋须更换，整理好民航杂志和安全须知。 （5）洗手间内壁板、镜子、水池、马桶内外、地面必须干净、光亮、无异味、无积水。 （6）厨房台面、水池保持干净。 （7）垃圾箱（车）清洁并更换垃圾袋。 （8）毛毯、枕头、头片整洁。			

续表

卫生整理评价（10分）	优秀（10分）	良好（8分）	及格（6分）	需要提升（4分）
小计	_____分			
六、教员总评				
总分： 教师签字： 时　　间：				

知识拓展

救生包内包含的物品见表9-6。

表9-6　救命包内物品展示（部分）

设备名称	数量	用途
反光镜（Signaling Mirror）	1	用于反射阳光和月光，发出信号
信号筒	—	用于向外界发出应急信号，求助时使用
安全灯棒（Safety Light）	4	用于标示船的位置，颜色为翠绿色
海水着色剂（Sea Dye Marker）	1	用于改变海水的颜色，发出信号
海水手电筒（Flash Light）	2	用于照明和发出求救信号
修补夹钳（Repair Clamp）	2	用于修补船上的破洞
海水脱盐器	—	用于存放海水，放入药片净化海水，1 h后可以饮用
刀子（Pocket Kinfe）	1	—
气泵	—	用于给救生船充气
水桶、海绵（Bailing Bucket）	—	用于装淡水和清除船内的积水

续表

设备名称	数量	用途
晕船药（Sea Sickness Tablet）	1	用于晕船时服用，每瓶 100 片，使用见瓶体说明
消毒绷带包（Bandage Compress）	1	用于外伤包扎
净化水药片水淡化药片（Water Purification）	1	用于对海水的淡化，使用说明见瓶体，每瓶 50 片
饮用水（Drink Water）	2	有两瓶可饮用的淡水，1 瓶 1 L
碘酒（Antiseptic Swabs）	1	用于外伤
蔗糖（Sucrose Candy）	2	用于补充体内糖分，滋润口腔
唇膏（Lip Gel）	—	防止唇裂
烧伤药膏（Burn Ointment）	6	用于烧伤、灼伤、擦伤和虫咬
口哨（Whistle）	1	用于集合和发出信号
求生生存手册（Survival Book）	1	用于幸存者生存指南

复习与思考

1. 救命包储藏在什么地方？

2. 反光镜的反射距离是多少？

3. 海水净化药片每瓶是多少片？

4. 海水着色剂在海面上可保持多长时间？

5. 手提式水灭火瓶适用哪类火灾？不能用于哪类火灾？

6. 使用手提式水灭火瓶喷射距离是多少？时间是多少？

7. 飞机上手提式海伦灭火瓶适用哪类火灾？喷射时间和距离是多少？

8. 当卫生间废物箱处温度达到多少摄氏度时自动灭火器开始喷射？喷射时间是多少？

9. 卫生间内部烟雾达到一定浓度时，会出现哪些报警信号？如何解除报警声音？

10. 防烟面罩使用时间是多久？

11. 如何正确使用防烟面罩？注意事项有哪些？

12. 飞机上使用手提式水灭火瓶的注意事项有哪些？

13. 飞机上使用手提式海伦灭火瓶的注意事项有哪些？

14. 飞机上救生衣共备有几种？有哪几种颜色？

15. 救生衣上定位灯的作用是什么？

16. 如果拉动救生衣下方红色充气手柄失效，如何使救生衣充气？

17. 成年乘客穿好救生衣应何时充气？

18. 儿童救生衣穿好后应何时充气？

19. 使用婴儿救生衣的年龄限制是多大？使用时应注意什么问题？

20. 安全演示包的作用是什么？里面有哪些物品？

21. 海水电池入水后可持续使用多长时间？

22. 为什么乘坐在救生船内人员不可以脱下救生衣？

参考文献

[1] 刘玉梅 . 民航乘务员培训教程 [M]. 北京：中国民航出版社，2007.

[2] 何珮，刘小红 . 客舱安全与应急处置 [M]. 北京：中国民航出版社，2007.

[3] 中国航空运输协会 . 中国航空乘务员基础教程 [M]. 北京：中国人口出版社，2010.

[4] 盛美兰，江群 . 民航客舱设备操作实务 [M]. 北京：中国民航出版社，2011.

[5] 刘佳颖，恒玺 . 客舱设施与服务 [M]. 成都：西南交通大学出版社，2016.

[6] 周为民，苗俊霞 . 民用航空客舱设备教程 [M].2 版 . 北京：清华大学出版社，2020.

[7] 王连英 . 民航飞机客舱设备 [M]. 北京：中国民航出版社，2015.

[8] 李永 . 中国民航机型大全 [M]. 北京：中国民航出版社，2015.

[9] 高宏，魏丽娜，宋晓晨，等 . 飞机客舱设备与使用 [M]. 北京：清华大学出版社，2019.

[10] 王远达 . 飞机结构与系统 [M]. 北京：航空工业出版社，2019.

[11] 包晓春 . 民航机型设备教程 [M]. 北京：航空工业出版社，2020.